【交通機動隊】ILLUSTRATION：緒田涼歌

【学生】ILLUSTRATION：秀良子

【剣道】ILLUSTRATION：草間さかえ

【スーツ】ILLUSTRATION:松尾マアタ

二次元男子制服図鑑

かつくら編集部 編著

はじめに

「制服というものは、人間に安堵と尊敬とを同時に与える。
そして全ての服装は、多かれ少なかれ制服である。」
フランスの哲学者アラン(エミール=オーギュスト・シャルティエ)の言葉

この世の中には、たくさんの制服があふれかえっています。
学生服しかり、特定の職業に就いている人たちが着用する制服しかり。
それを証明するかのように、多くのエンタテインメント作品に『制服』は登場し、特定の制服を好む人たちも数多く存在します。

制服には、いわゆる〈萌え〉を感じさせる要素とともに、非常に多くの〈情報〉が内包されています。
イラストやマンガ、映像などに特定の制服を着せた人物を登場させるだけで、特に説明がなくとも、その人物に関してある程度の情報が伝わります。たとえば、学ランを着ていれば、裏設定のない限りは学生でしょうし、警察官の格好をしていれば、警察官です。

言葉を費やさなくてもそれが説明できるというのは、制服が持っている情報、その制服がどの集団に属しているかという共通認識のおかげです。
それが成り立つほど、日々の生活に制服の存在が浸透しているわけです。

この本では、マンガをはじめとしたエンタテインメント作品に登場することの多い制服をカテゴリに分け、多種多様な制服をイラストとともにご紹介しています。
制服そのものはもちろん、その制服ならではの小物についての説明や、その制服に関するちょっとしたトリビアも入っています。

クリエーターの方々による絶品イラストやイラストエッセイ、素敵な『制服』を次々と作中に登場させている作家の方への制服インタビューもあります。

つまり、『制服』への愛を詰め込みました。

制服好きが見て楽しめる1冊に、そして、制服を描いて楽しむお手伝いができる1冊になっているといいなあと思います。

制服、万歳。
制服好きに幸あれ。

まずは、この本をご堪能くださいませ。

かつくら編集部　拝

CONTENTS

第1章

制服図鑑

見てうれしい、描いて楽しい男性の制服を、自衛隊、警察、学生、教師、ビジネスマンなど、14のカテゴリに分けてご紹介。全79種類の制服がイラスト付きで登場するほか、付属アイテムや制服にまつわるトリビアも！

陸上自衛官(常装)

陸上自衛官の階級

共通呼称			呼称
幹部	将官	将	陸将
		将補	陸将補
	佐官	1佐	1等陸佐
		2佐	2等陸佐
		3佐	3等陸佐
	尉官	1尉	1等陸尉
		2尉	2等陸尉
		3尉	3等陸尉
准尉		准尉	准陸尉
曹士	曹	曹長	陸曹長
		1曹	1等陸曹
		2曹	2等陸曹
		3曹	3等陸曹
	士	士長	陸士長
		1士	1等陸士
		2士	2等陸士

冬服
〈陸曹長および陸曹〉

帽子

正帽は、冬服と同じ地質。中央に桜星を中心に桜葉および桜つぼみを周辺に配した帽章がつくほか、階級によってはひさしの上面に金色の桜花桜葉模様がついたり、ひさしの上に留められたあごひもの色が違ったりする。略帽はベレー帽型。

上衣

常装の冬服と第1種夏服は、濃緑色のスーツタイプの上下。上衣はシングルジャケットで4つボタン。左右胸部･腰部に各1個、ふた付きのポケットがある。背面のスリットはセンターベント。陸士長および陸士は、左袖上腕部に布製台地につけた階級章を装着。右袖上腕部には部隊章をつける。幹部自衛官･准陸尉および陸曹長は、袖下部に濃緑色の飾線がつく。

通常勤務時に着用

常装とは、通常勤務時や隊務において着用する、一般的な制服のこと。冬服、夏服（第1種・第2種・第3種）があり、階級による違いはほとんどなく（階級章の装着位置が多少違う）、基本的なデザインは同一のもの。

ネクタイ

ジャケットの下にはワイシャツとネクタイを着用。ネクタイは濃緑色。

靴

半長靴または短靴。靴下は黒。

襟の形はセミピークラペル。左右の襟上部にあるのが階級章。左右下部にあるのが職種徽章で、普通科・機甲科・通信科など陸上自衛隊にある全14の職種（兵科）のうち、その隊員に専門分野として与えられている職種が何か一瞥してわかるようになっている。

防寒用外套着用時

常装時、防寒具として定められた外套を着用することが可能。トレンチコート型で、右腕上腕部に部隊章、肩に階級章を装着する。

外套

合わせはダブルで、ボタンは4個を2行に。襟はノッチドラペル。共布のベルトを黒色のバックルで留める。背面はセンターベント。

Trivia

自衛官の服装は、目的や用途別に、常装をはじめ全12種類に分けられている。

- ・常装
- ・第1種礼装
- ・第2種礼装
- ・通常礼装
- ・作業服装
- ・甲武装
- ・乙武装
- ・特別儀仗服装
- ・特別儀仗演奏服装
- ・通常演奏服装
- ・演奏略服装
- ・特殊服装

陸上自衛官特殊服装一覧

	〈服装名〉／〈その特殊服装をする場合〉
1	防寒服装／防寒の必要がある場合
1-2	防暑服装／防暑の必要がある場合
2	戦闘服装・一般用／出動、教育訓練などで必要な場合
	戦闘服装・航空用／航空機に搭乗する場合、航空機乗員の教育訓練をする場合、誘導および整備する場合
	戦闘服装・空挺用／空挺隊員が空挺降下する場合、それに伴う教育訓練をする場合
	戦闘服装・装甲用／戦車、自走砲の乗員、装甲車の操縦士が搭乗する場合、それに伴う教育訓練の場合
	戦闘服装・市街地用／特殊作戦群の自衛官が出動、教育訓練などをする場合
	評価支援隊用／評価支援隊の自衛官がFTC訓練(富士トレーニングセンターでの対抗演習訓練)に従事する場合
3	単車服装／偵察部隊の隊員が単車に乗車する場合、それに伴う教育訓練をする場合
4	施設服装／施設作業などのために必要な場合
5	体育服装／体育訓練、特別体育課程の教育訓練に従事する場合
5-2	特別儀仗など訓練服装／第302保安警務中隊が儀仗訓練に従事する場合
6	消防服装／消火・防火・救難作業を実施する場合、それらの教育訓練をする場合
7	整備服装／整備、燃料取扱いなどの作業のため必要な場合
8	調理服装・調理用／調理作業のため必要な場合
	調理服装・配食用／配食作業のため必要な場合
9	衛生服装・治療防疫用／診療などの衛生業務のために必要な場合
	衛生服装・看護用／看護などの衛生業務のため必要な場合
10	患者服装／自衛隊の医療施設に入院・入室している患者に必要な場合
11	特殊勤務服装／自衛官が警務・情報・募集および援護に関係する業務に従事する際に着用が必要だと認められる場合

陸上自衛官（戦闘服装・一般用）

野外で活躍する迷彩服

12種類に分類されている自衛官の服装のひとつで、通常以外の勤務や任務に必要な着用品が備わった各種服装を総称して、特殊服装という。戦闘服装は、その特殊服装に分類されるもので、陸上自衛官の戦闘服装・一般用は、なかでも代表的。1991年から制式化し、ほぼすべての隊員に支給されている現在、野外での訓練や活動など広く使用されている。

ヘルメット

88式鉄帽（鉄帽覆い付き）。装具を装着しないときなどは、戦闘帽をかぶる。

上衣

迷彩服上衣または戦闘服一般用上衣を着用。襟の形は開襟で、合わせはボタン留めだが、現在は面ファスナーのものに逐次更新されている。左右胸部に各１個ポケットあり。裾はズボンの中には入れずに外に出して着る。

靴

戦闘靴一般用という編み上げの半長靴（ブーツ）。一般隊員に支給される同型のものは、単に半長靴と呼ばれる。

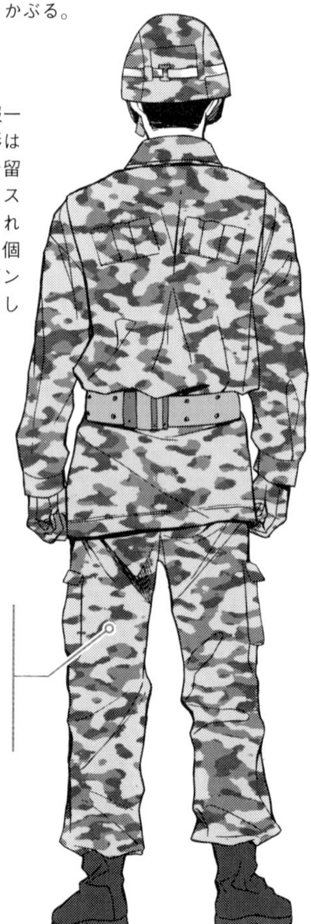

ズボン

迷彩服ズボンまたは戦闘服一般用ズボンを着用。左右に各１個カーゴポケットがついている。

陸上自衛官(作業服装)

通常作業や訓練時に着用

通常の作業時や訓練の際に、部隊などの長により必要と認められた場合に使用される服装。戦闘服装(迷彩服)または作業服の着用が義務付けられている。作業服は、以前は、通称OD色(オリーブドラブ色)の上下(65式作業服)だったが、その後迷彩服2型に移行し、マイナーチェンジ後現在に至る。戦闘服装・一般用とほぼ同様(使用目的により細部仕様が異なる)。

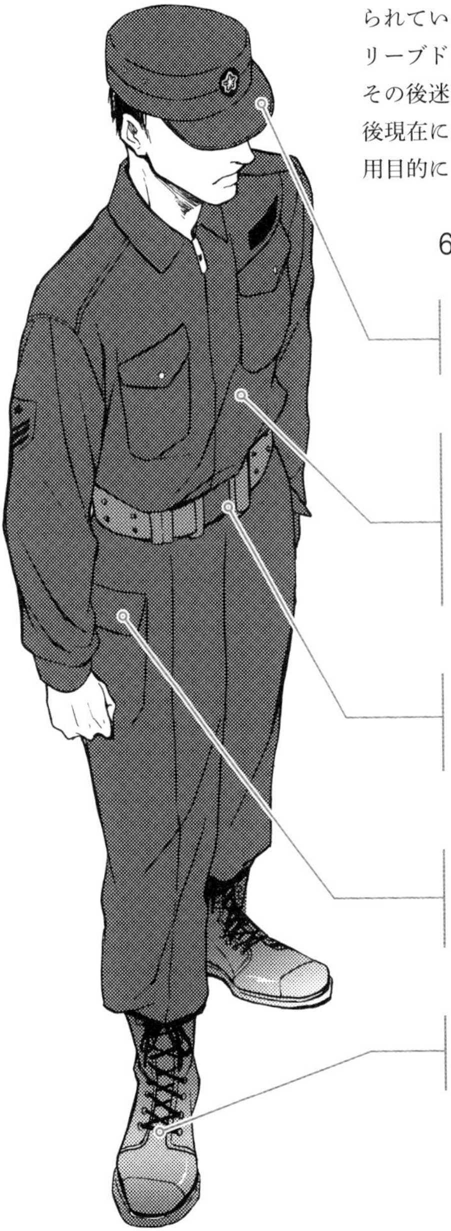

65式作業服

帽子

作業帽。上衣と同様の地質で作られた帽子。

上衣

65式作業服は、1965年より制式化されていた前代の作業服。上衣は、左右胸部にポケットがあり、フラップの下にボタンが隠れる。前合わせはファスナー式で、裾はズボンの中に入れて着用。

ベルト

弾帯と呼ばれるベルトは、水筒など各種個人装備を体に固定するのに利用される。

ポケット

大腿部外側にそれぞれ箱ポケットがつけられている。

靴

半長靴または短靴を着用。

陸上自衛官(特別儀仗服装)

人気の高い制服のひとつ

国賓やそれに準ずる賓客に対して、また防衛大臣が必要だと認めた場合などに、特別儀仗という儀礼を行うための特別儀仗隊が編成される。その特別儀仗隊が着用する服を特別儀仗服装という。特別儀仗隊は、陸上自衛隊第302保安警務中隊からのみ編成。冬服(濃緑色)と夏服(白)がある。

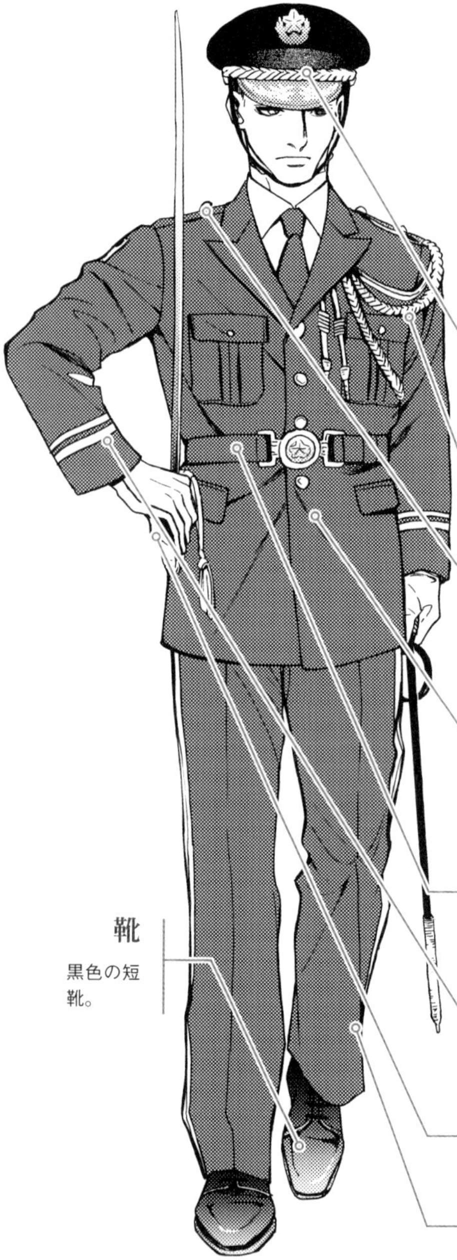

特別儀仗服装・冬服

帽子

専用正帽。冬服・夏服どちらも上衣と同様の地質。

飾緒

肩章の下にあるボタンで三つ編み状の金色の飾緒を固定。

肩章

右袖上部に金色の桜星の肩章をつける。左袖上部には階級章をつける。

上衣

合わせはシングルで4つボタン。ポケットは計4個でいずれもふた付き。左右胸部のポケットはボタン留め。ワイシャツと濃緑色のネクタイをあわせて着用。

ベルト

冬服・夏服ともに、儀礼刀を帯刀する司令官は黒色の刀帯、儀礼用の専用小銃を携行する隊員は白色の拳銃帯をつける。

袖

金色の飾線が入る。幹部および准陸尉用は2本、曹士用は1本。

手袋

白色の手袋を着用。

ズボン

左右に金色の側線が入る。

靴

黒色の短靴。

陸上自衛官（礼装）

ポイントはカマーバンド

第1種礼装（甲・乙）、第2種礼装、通常礼装の3種類の総称。拝謁・参賀などのために皇居に出入りする場合や、公の儀式に参列する場合など、儀礼上必要がある場合に着用。第1種・第2種礼装は、幹部（3尉以上）および准尉のみ着用。曹士は通常礼装。

第2種礼装・冬服

上衣

色は濃紺、夏服は白色（第1種礼装も同様）。金色のボタンが3個2行ついている。陸将および陸将補は、袖の下部に亀甲模様織の金色線ならびに金色モール製の桜花を、一等陸佐以下は金線および金色モール製の桜花をつける。

階級章

礼装用階級章。銀色の桜星で階級を示す。

襟

へちま襟で、色はえんじ（夏服は白）。

カマーバンド

冬服はえんじ色の腹飾帯（カマーバンド）をつける。夏服は金色。

飾緒

礼服用の飾緒をつける（陸将および陸将補のみ）。礼装に飾緒をつけるのは陸上自衛官のみ。

ズボン

冬服・夏服同様（第1種礼服夏ズボンのボタンのみ白色）。両脇の縫い目に沿う形で金色の側線が入っている。裾口はシングル。

海上自衛官(常装)

各制服と主な着用品

幹部自衛官および准海尉	冬服	上下ともに黒色。上衣はダブルのジャケット。白色のワイシャツ・黒色のネクタイ・短靴(黒色に限る)・正帽または冬略帽。
	第1種夏服	上下ともに白色。上衣は詰襟。正帽・短靴。
	第2種夏服	白色のワイシャツ・黒ズボン・黒色のネクタイ・正帽または夏略帽・短靴(黒色に限る)。
	第3種夏服	上下ともに白色。上衣は半袖の開襟シャツ。
海曹長から3等海曹まで	基本的なデザインや主な着用品は、幹部および准海尉と同様。ただし第1種夏服と第3種夏服の場合、幹部および准海尉が着用する短靴は、黒・白色のどちらでもよいが、海曹士は黒の短靴のみ着用可。	
海士長および海士	冬服・第1種夏服	セーラー型。上下ともに冬服は黒色、夏服は白色。正帽・短靴(黒色に限る)。
	第2種夏服	基本的なデザインや主な着用品は、幹部および准海尉と同様。ただし、短靴は黒色に限る。
	第3種夏服	ポロシャツ型。上下ともに白色。正帽または夏略帽・短靴(黒色に限る)。

冬服
〈海曹長および海曹〉

帽子

天井とまちの部分の地質は第2種夏服上衣と同じで白色、それ以外の部分は冬服上衣と同じで黒。あご紐も黒色だが、幹部及び准海尉は、紐の外側に金線がついている。

上衣

合わせはダブルで、碇の浮き彫りが施された金色のボタン3個を2行につけている。襟は剣襟。左袖上腕部に布製台地の階級章をつける。幹部および准海尉は、両袖口に金色桜花をつけ、金線の数で階級を示す。

靴

冬服・夏服の種類を問わず黒色の短靴。

階級によって デザインが異なる

常装をはじめ、海上自衛官の各種制服は、階級ごとにデザインや色、着用品に違いがあるのが特徴で、旧海軍の伝統的スタイルを色濃く残している。冬服・夏服(第1種・第2種・第3種)があり、幹部自衛官および准海尉、海曹長から3等海曹まで、海士長および海士でデザインや着用品が異なる。

海上自衛官の階級

共通呼称			呼称
幹部	将官	将	海将
		将補	海将補
	佐官	1佐	1等海佐
		2佐	2等海佐
		3佐	3等海佐
	尉官	1尉	1等海尉
		2尉	2等海尉
		3尉	3等海尉
准尉		准尉	准海尉
曹士	曹	曹長	海曹長
		1曹	1等海曹
		2曹	2等海曹
		3曹	3等海曹
	士	士長	海士長
		1士	1等海士
		2士	2等海士

第1種夏服
〈海士長および海士〉

帽子

円型で前ひさしがない水兵帽。前面にある「海上自衛隊」と金色の文字が刺繍された鉢巻式の帯が帽章になっている。

スカーフ

襟飾りは黒色のスカーフ・タイ。

上衣

セーラー型。周囲に白線2本が入った濃紺色の襟布をかける。左袖上腕部に階級章をつける。

靴

黒色の短靴限定。

海上自衛官特殊服装一覧

	〈服装名〉／〈その特殊服装をする場合〉
1	航空服装／航空機の搭乗員が搭乗する場合や、教育訓練に従事する場合
2	航空保護服装／搭乗員が航空機に搭乗した際、身体保護のため必要な場合
3	防寒服装／防寒の必要がある場合
4	防暑服装／防暑の必要がある場合
5	防暑作業服装／酷暑時に軽作業などを行うのに必要な場合
6	調理服装／調理作業のため必要な場合
7	航空整備服装／航空機の整備を行う場合
8	艦船など整備服装／艦船などの整備を行う場合
9	機関作業服装／艦船の機関整備を行う場合
10	潜水艦作業服装／潜水艦での作業において必要な場合
11	雨天作業服装／雨天時の作業のため必要な場合
12	衛生作業服装／診療・看護など衛生に関する業務を行う場合
13	患者服装／自衛隊の医療施設に入院・入室している患者に必要な場合
14	消防服装／消火・防火・救難作業を実施する場合、それらの教育訓練をする場合
15	体操服装／体育としての体操を行う場合
16	陸上戦闘服装／出動、教育訓練などにおいて必要な場合
17	艦艇戦闘服装／自衛艦乗員が戦闘部署につく場合、および監視業務を行うのに必要な場合
18	立入検査服装／立入検査を行う場合、またその訓練時に必要な場合
19	特別警備服装／特別警備の任務を行う際に必要な場合
20	エアクッション艇服装／艇乗員が輸送用エアクッション艇に乗り込む際に必要な場合
21	エアクッション艇誘導服装／輸送用エアクッション艇を誘導作業する場合
22	特殊勤務服装／警務、情報、募集、援護作業の際に必要な場合
23	特殊作業時の服装／火薬類の取り扱いほか特殊作業を行う際に必要な場合

海上自衛官
（艦艇戦闘服装）

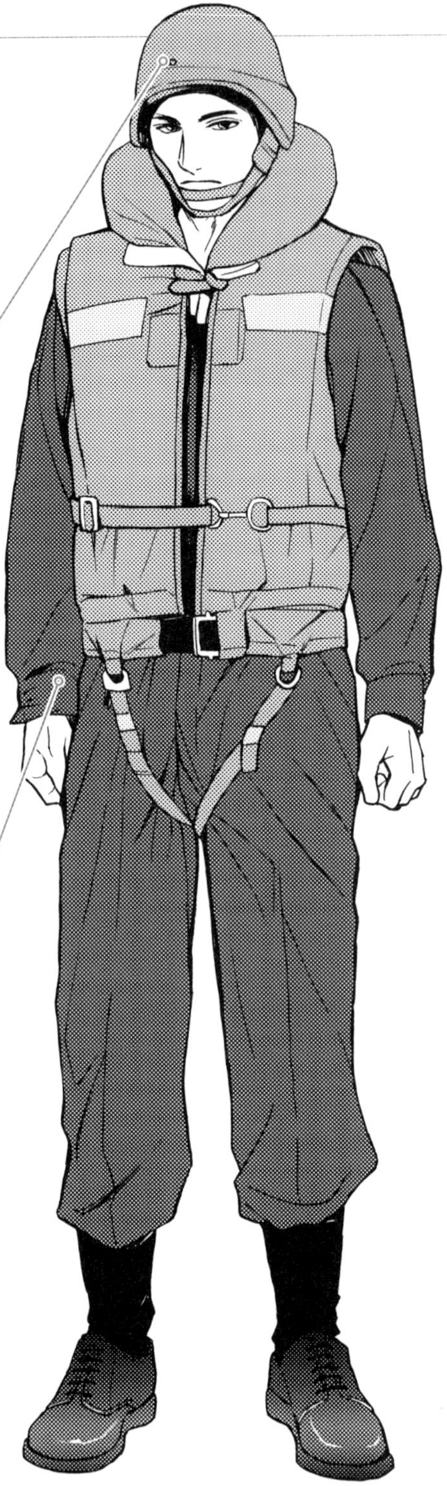

帽子

88式鉄帽。陸上自衛隊が使用しているものをグレーに塗色。あご紐をしっかりかける。

上衣

基本は、幹部用は濃紺色、海曹士以下は淡紺色の作業服上衣と作業服ズボンから成る作業服装。

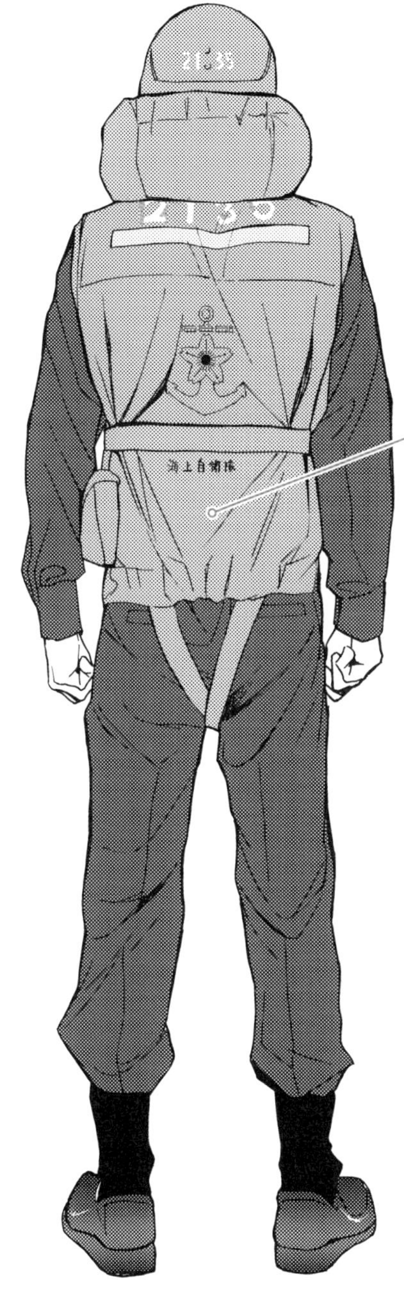

水上艦艇の乗員が着用

海上自衛官の特殊服装のひとつである戦闘服装。陸上での作業の際に着用する陸上戦闘服装のほか、水上艦艇の乗員が着用する戦闘服装もある。その艦艇戦闘服装は、作業服装の着用品に加え、鉄帽と救命胴衣を着用。小型武器での近接戦闘時の防護用として、防弾チョッキを着用することも。

救命胴衣

護衛艦や掃海艇などに搭載されている、通称「カポック」と呼ばれる救命胴衣。内部スペースに余裕がないミサイル艇や潜水艦などには、紐を引くことで圧縮空気が自動的に充填される膨張式の救命胴衣も搭載されている。

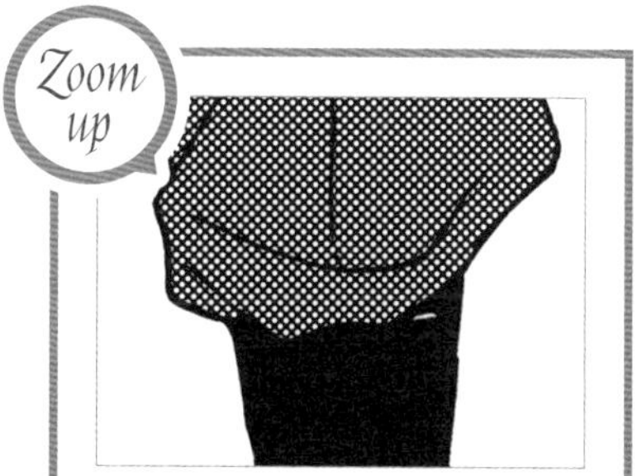

動きやすいよう、作業服のズボンの裾を靴下に挟み込む。ちなみに男子自衛官の靴下は黒色限定(白色の短靴を履く場合は白色)。靴は黒色の短靴。

海上自衛官（作業服装）

作業帽を着用するのは海曹長以下

艦艇上や陸上で作業や訓練時に着用されることがある作業服装。その着用品は、作業服上下、冬略帽または作業帽、作業靴または短靴（黒色に限る）など。幹部用は濃紺色、海曹長以下用は淡紺色の作業服を着用。長袖のものが第1種作業服、半袖が第2種作業服とされている。

帽子

作業帽を着用するのは海曹長以下に限る。濃紺色の野球帽型で、中央に碇と桜花の図案の帽章がついている。幹部は舟型の略帽を着用。作業帽のかわりに、野球帽型の部隊識別帽を使用することも可能。

階級章

タブに布製の階級章を装着する。

上衣

イラストは海曹士用だが、幹部用と海曹士用では色の違いがあるほかはほぼ同様。折襟のシャツ型で、中央にファスナーまたは地質と同色のボタン6個が1行についている。左右胸部に各1個ふた付きポケットがあり、地質と同色の布ファスナーかボタン１個でふたを留めている。

靴

黒色の短靴。

海上自衛官（礼装）

第2種礼装はゴージャス

第1種礼装（冬服・夏服）・第2種礼装（冬服・夏服）・通常礼装（冬服・第1種〈第2種〉夏服）の総称。第1種・第2種礼装は、幹部および准海尉のみ着用する。海曹士は通常礼装。

第2種礼装・冬服

上衣

黒色の礼服上衣。襟は剣襟で、碇の浮き彫りを施した金色のボタンが3個2行につけられており、付け合わせ部分の左右に金色のボタンが各1個つけ留められている。

ネクタイ

白色のウィングカラーシャツに黒色の蝶ネクタイを着用。

袖

冬服では両袖口に金色桜花をつけ、金線の数で階級を示す。夏服では肩章に階級章をつける。

カマーバンド

黒色の腹飾帯（カマーバンド）。

パンツ

黒色の礼服ズボン。冬服・夏服同様。

靴

黒色の短靴。

航空自衛官(常装)

航空自衛官の階級

共通呼称			呼称
幹部	将官	将	空将
		将補	空将補
	佐官	1佐	1等空佐
		2佐	2等空佐
		3佐	3等空佐
	尉官	1尉	1等空尉
		2尉	2等空尉
		3尉	3等空尉
准尉		准尉	准空尉
曹士	曹	曹長	空曹長
		1曹	1等空曹
		2曹	2等空曹
		3曹	3等空曹
	士	士長	空士長
		1士	1等空士
		2士	2等空士

冬服〈空士長〉

帽子

基調は濃紺色で、黒色の前ひさしとあご紐がついている。幹部および准空尉は、あご紐の表面に銀線がついているほか、3等空佐以上の自衛官の正帽には、前ひさしの前縁にそって桜花桜葉模様がついている。

ポケット

右胸ポケットの上に、所属を示す銀色金属製の部隊章を装着する。

上衣

濃紺色で襟の形はセミピークラペル。合わせはシングルで、中央に鷲の浮き彫りが施されたいぶし銀色のボタン4個が1行でついている。左右胸部に各1個、ふたおよびひだをつけたポケットがあり、いぶし銀色のボタン各1個でふたを留める。ほか、腰部左右に各1個、ふた付き隠しポケットがある。背面スリットはサイドベンツ。

袖

左袖上腕部に布製台地に桜星と銀色V字形線で階級を示した階級章を装着。幹部自衛官・准空尉は、袖下部に濃紺色の飾線がつく。

靴

黒色の短靴または編上靴。

濃紺色が基調

航空自衛隊は、組織の編成や装備品の整備などにアメリカ空軍の指導と援助が多大にかかわっており、その影響が強くうかがえる制服になっている。冬服・夏服(第1種・第2種・第3種)があり、濃紺色を基調としている。陸上自衛隊の制服と同じく、階級によるデザインの違いはほぼない。

各制服と主な着用品

冬服	濃紺色の冬服上下・ワイシャツ・濃紺色のネクタイ・正(略)帽・短靴または編上靴。
第1種夏服	濃紺色の夏服上衣・夏服ズボン・正(略)帽・ワイシャツ・濃紺色のネクタイ・短靴または編上靴。
第2種夏服	薄青白色の長袖ワイシャツ・夏服ズボン・正(略)帽・濃紺色のネクタイ・短靴または編上靴。
第3種夏服	薄青白色の半袖シャツ・夏服ズボン・正(略)帽・短靴または編上靴。

第3種夏服
〈空曹〉

上衣

半袖シャツ。以前は開襟だったが、2008年の服制改正で第2種夏服と同様に折襟に。中央に白色のボタン7個が1行でついている。左右胸部に各1個、ふた付きポケットがついており、白色のボタンでふたを留める。

部隊章

右胸ポケットの上に、所属を示す銀色金属製の部隊章を装着する。

ベルト

濃紺色のベルトでバックルは銀色。

靴

黒色の短靴または編上靴。

航空自衛官特殊服装一覧

	〈服装名〉／〈その特殊服装をする場合〉
1	航空服装／航空機の搭乗員が搭乗する場合
2	救難服装／救難降下、救難作業などを行う場合
3	整備服装／航空機などの整備員が整備作業などを行う場合
4	戦闘服装／職務上必要とする場合
5	消防服装／消防作業などを行う場合
6	体育服装／体育訓練を行う場合
7	衛生服装／診療、看護など衛生業務を行う場合
8	患者服装／自衛隊の医療施設に入院した場合
9	炊事服装／炊事作業をする場合
10	防寒服装／防寒のため必要とする場合
11	防暑服装／防暑のため必要とする場合
12	特殊作業時の服装／航空機の誘導や洗浄作業など、特殊作業をする場合
13	特殊勤務服装／警務、情報、募集、援護作業の際に必要な場合

CHECK!

知ってる!?　防衛省オフィシャルマガジン『MAMOR(マモル)』

『MAMOR(マモル)』は、防衛省が編集協力をしている唯一の自衛隊オフィシャルマガジン。自衛隊の活動や設備の紹介、自衛官の素顔に迫る企画などが盛りだくさん。装着アイテム図鑑や乗り物図鑑をはじめとする毎号の特集は、思わず興味が惹かれること間違いなし。オフィシャルマガジンならではの濃密な内容をご堪能あれ。扶桑社より毎月21日発売。

Self Defense Force

航空自衛官
（航空服装）

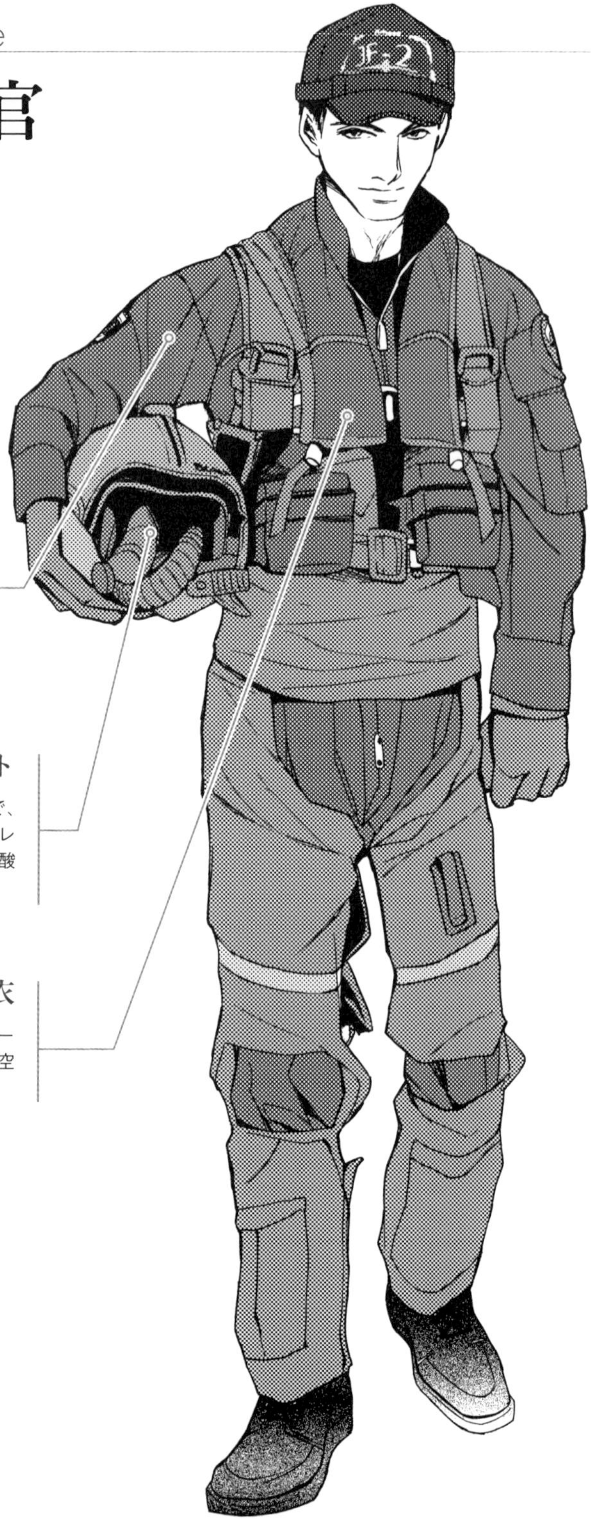

航空服装
〈F-2A／
B戦闘機パイロット〉

上衣

以前は、視認性を重視したオレンジ色だったが、1992年からアメリカ空軍などと同様に濃緑色に変更された。難燃性素材でできている。

ヘルメット

航空ヘルメットは、他機種と共通で、強化プラスチック製。バイザー、レシーバーなどがついているほか、酸素マスクの取り付け具もある。

救命胴衣

首掛けの救命胴衣と専用トルソハーネスから成る保命ジャケットを航空服の上から着用。

フライトスーツを着て空へ

航空服装は、航空自衛官の特殊服装のひとつで、航空機に搭乗する際に着用する。主な着用品は、航空帽(航空ヘルメット)・航空服(フライトスーツ／冬服・夏服)、航空靴、航空手袋。実際の搭乗時には、搭乗する航空機の種類によって様々な各種装具類を加えて着用する。

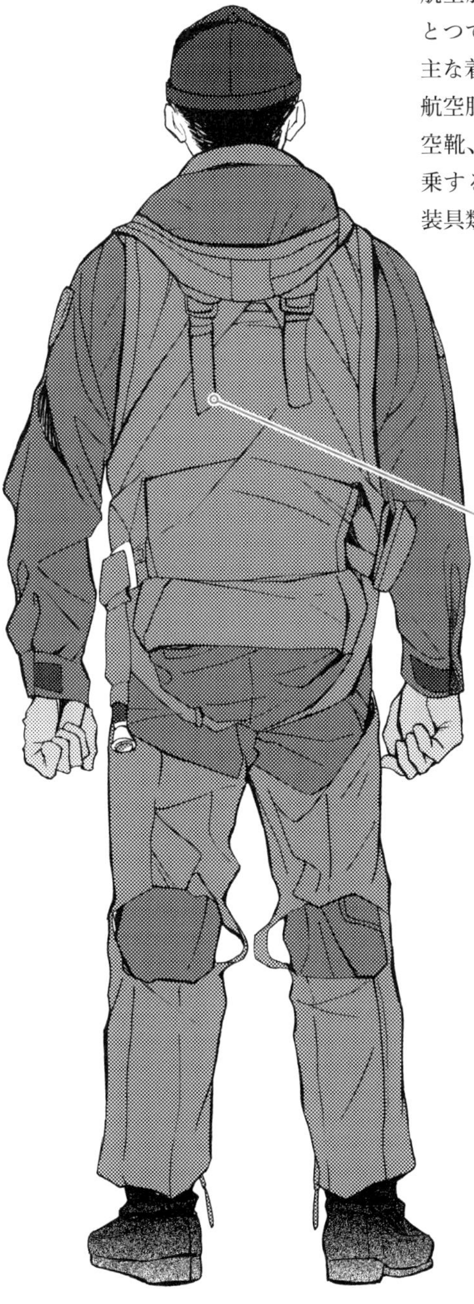

耐G服

パイロットに高いG(加速度)がかかることで発生するブラックアウトを軽減するための耐G服。他機種と同様のものを着用。

航空自衛官（作業服装）

灰色から濃緑色へ

通常の作業や訓練時に着用される作業服装。2000年に新型の作業服が採用された際、それまでの灰色（ライトグレー）から濃緑色に変更された。主な着用品は、作業服上衣・作業服ズボン・作業帽・編上靴または短靴など。

帽子

ひさしがやや小さく、あご紐がついているのが特徴。

上衣

前合わせはフラップ（ふた）付き。左右胸部に各１個ふた付きポケットがついている。現在、グレーを基調としたデジタル迷彩の新型作業服に更新中。

靴

黒色の編上靴または短靴。

航空自衛官（礼装）

濃紺色の礼服

第1種礼装（冬服・夏服）・第2種礼装（冬服・夏服）・通常礼装（冬服・第1種〈第2種〉夏服）の総称。第1種・第2種礼装は、幹部および准空尉のみ着用する。空曹士は通常礼装。

第2種礼装・冬服

帽子

濃紺色の正帽を着用。

上衣

濃紺色。襟は剣襟で、前面に鷲の浮き彫りを施した銀色のボタン各3個が2行でついている。付け合わせ部分は左右に銀色のボタン各1個をつけ留める。夏は白色。

ネクタイ

黒色の蝶ネクタイを着用。合わせてシャツはウィングカラーに。

カマーバンド

濃紺色の腹飾帯（カマーバンド）。

ズボン

上衣と同様に濃紺色。夏服の場合も礼服ズボンは濃紺色。両脇の縫い目にそって黒色の側線が入る。

靴

黒色の短靴。

陸・海・空自衛官
（通常演奏服装）

演奏に花をそえる制服

陸海空各自衛隊にある音楽隊の隊員が儀式や式典などで演奏をする際に着用するのが通常演奏服装。男性用、女性用ともに冬服・夏服があるほか、女性用のみ室内で演奏時に着用する乙服がある。

陸上自衛官
通常演奏服装・冬服

帽子

常装の正帽と同様。ただし、前ひさしの表面に赤色のフェルトが貼られている。

上衣

濃緑色。合わせは中央に金色のボタン3個が1行についている。胸部の左右には獅子の頭と月桂樹を配した模様を金糸で刺繍されている。夏服は上下ともに淡緑色。

ネクタイ

えんじ色。夏服時は淡緑色。

襟

セミピークラペル。下襟に竪琴の模様を打ち抜いた金色の金具がついているほか、階級章を装着。

袖

右袖上腕部に赤色のフェルト地に竪琴の模様を刺繍した飾章をつける。

パンツ

上衣と同じく濃緑色。両脇の縫い目にそって赤色の側線が1本入る。

海上自衛官
通常演奏服装・冬服

帽子
常装の正帽（三等海曹以上）と同じ。

上衣
黒色。合わせはダブルで、金色のボタン各4個が2行についている。夏服は上下ともに白色。

襟
剣襟。両方の上襟に濃紺色の台地に竪琴の模様を施した金色の金具がついている。

ネクタイ
黒色。夏服時は乳白色。

袖
両袖の下部に金色の飾線。

ズボン
上衣と同じく黒色。両脇の縫い目の両側にそって金色の側線が各1本入る。

靴
黒色の短靴。夏は白色の短靴。

航空自衛官
通常演奏服装・冬服

帽子
音楽隊員専用の正帽。

ネクタイ
夏冬ともに黒色のネクタイ。

上衣
濃紺色。合わせはダブルで、ボタン各3個が2行についている。夏服は上下ともに白色で、ジャケットはシングル。

襟
セミピークラペル。

袖
右袖上腕部に竪琴の飾章をつける。両袖下部に銀色の飾線をつけ、その上に銀色の糸で鷲模様の刺繍を施す。

ズボン
上衣と同じく濃紺色。両脇の縫い目に銀色の側線が入る。

消防吏員（正服・冬服）

正服はダブルのジャケット

主に、各消防署で災害対応や、予防、防災安全に関する業務や、消防本部での様々な業務を担う消防職員のうち、消火や救急、救助、査察などの業務を行う、階級を有する者を消防吏員という。一般に『消防士』『消防官』といわれているが、正式名称は『消防吏員』。消防吏員が事務的業務の際に着用する正式な服装を正服という。正服の冬服は、ダブルのジャケットにエンブレムのついた帽子を着用。色は、帽子、上下ともに濃紺だが、デザインや生地などは市町村ごとに任されている。イラストは東京消防庁のもの。

Zoom up

消防士

消防副士長

消防士長

消防司令補

消防司令

消防司令長

消防監

消防正監

消防司監

消防総監

消防吏員の階級は、消防組織法に基づいて定められており、第10位の消防士から最高位である消防総監まで10階級ある。消防士から消防司令までは、各階級で次の昇任試験を受けるまでに一定の勤続実績が必要。階級章では、その階級は、黒色の台地に平織金線、銀色金属製の消防章の数で表される。

帽子

濃紺の台地の中央に、銀色の金属製の消防章をモール製の金色な桜で抱擁するデザインの徽章がついている。ちなみに消防章のモチーフは雪の結晶の拡大図を基礎としたもの。

襟

市町村を表徴する襟章を1つつける。

ネクタイ

東京消防庁の場合、シャツは白、ネクタイは濃紺と決まっている。

ボタン

消防章がついた金色の金属製ボタン。

階級章

右胸に階級章をつけており、階級は、銀色の消防章の数や金色の線で表される。

協力:東京消防庁

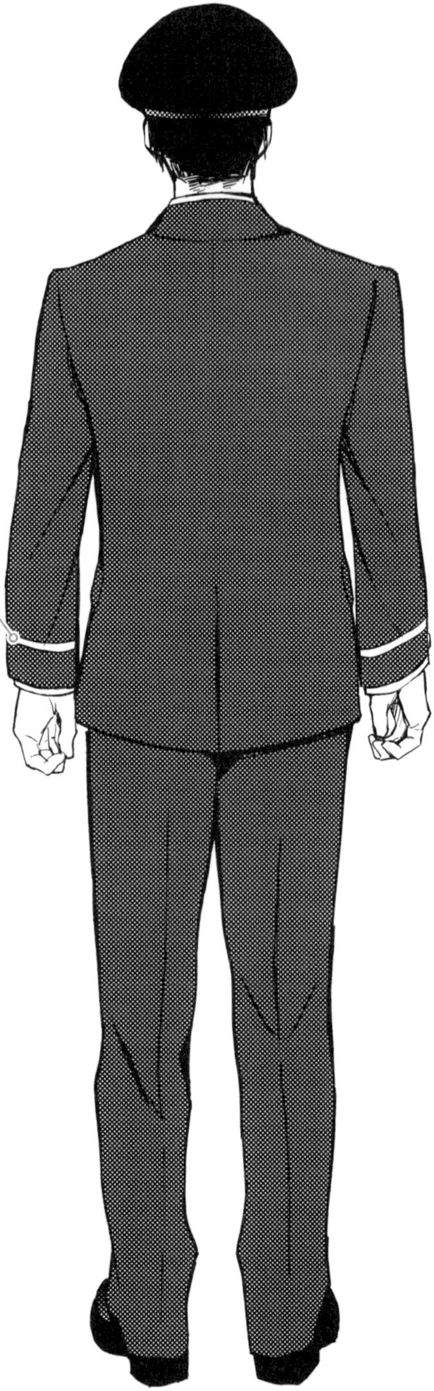

袖

階級を表す袖章がついている。階級によって線の有無があり、消防司令補以上の場合は金線が入る。消防司令以上の場合は、線の下部(袖元寄り)に金色の金属製消防章をつける。

Trivia

公的な消防機関が誕生したのは、1880年(明治13年)のこと。明治維新を機に、それまで東京府(現・東京都庁)や東京警視庁(現・警視庁)など所管が点々としていた消防事務が新たに内務省警視局(現・警察庁)のもとに創設された消防本部の所管に。これが東京消防庁の前身にあたる、初の公設消防機関となった。

COLUMN

火事と喧嘩は江戸の華〜いろは四十八組〜

江戸時代、頻発する火事に対応するため、火消制度が発足。幕府直轄で旗本4家が消火・警戒を担った定火消、大名16家から4組編成し消防にあたった大名火消のほか、町人が組織する町火消があったが、この町火消を1718年(享保3年)に作ったのが時代劇でもおなじみ大岡越前守忠相。その2年後にはいろは四十八組を編成し、ここから本格的な町火消制度がスタートしたのだ。隅田川を境に西側の区域に組織されたいろは組だが、いろは四十八組といいつつ、実は「へ」「ら」「ひ」「ん」がついた組は存在しない。「へ」は「屁」、「ひ」は「火」に通じ、「ら」は隠語、「ん」は語呂が悪いということで、これらかな4文字は「百」「千」「万」「本」に変えられたのだとか。

CHECK!

実は様々なエンタテインメント作品に登場している消防吏員。ここでは、消防士や救急隊員が主人公の日明恩作品をご紹介！

Novel

日明《たちもり》 恩《めぐみ》『Fire's Out』シリーズ

□「鎮火報 Fire's Out」「埋み火 Fire's Out」
双葉文庫

憎まれ口を叩きながらも正面から様々なことに挑む新米消防士・大山雄大を主人公とした消防ミステリーシリーズ。彼の成長に心揺さぶられるとともに、消防の知識も深まる。

Novel

日明《たちもり》 恩《めぐみ》『ロード&ゴー』

□ 双葉文庫

道端に倒れていた男を助けたことから、犯罪に巻き込まれ、救急車を走らせ続けなくてはならなくなってしまった救急隊員たち。緊迫のサスペンスが描かれる！

消防吏員
（正服・夏服）

帽子

夏帽の徽章の台地は紺色。そのほか徽章や帽子の形状は冬帽と同じ。

ボタン

よく見ると、実はボタン1個ずつに赤文字で「TOKYO FIRE DEPARTMENT」と書かれている。

襟

左襟には、冬服と同様に市町村を表徴するバッジをつける。東京消防庁の場合、銀色金属製の消防章の上に金色の東京都の紋章を施した自治体章。

協力：東京消防庁

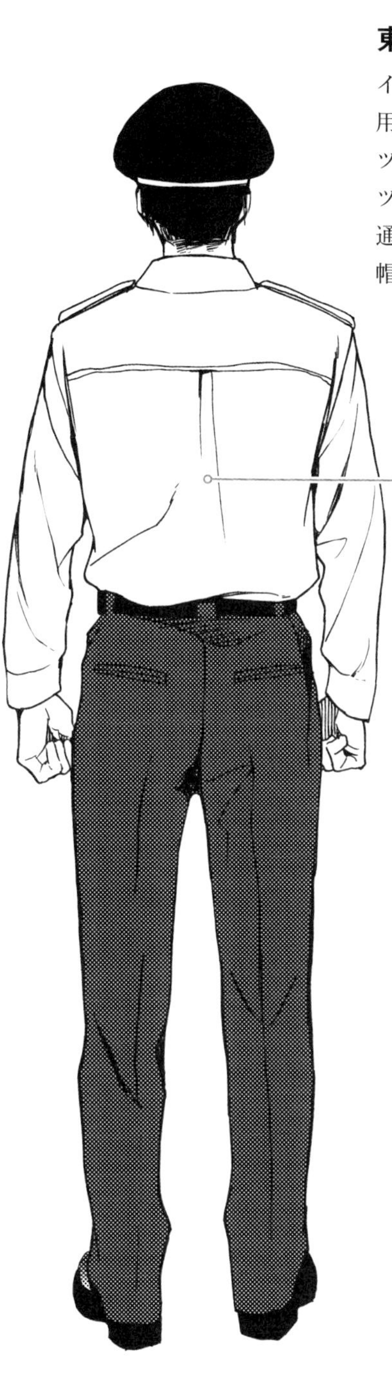

東京消防庁の夏シャツは白！

イラストは東京消防庁の消防吏員のもの。夏用の正服は、淡青色の長袖または半袖のシャツが基本だが、東京消防庁では、夏服のシャツは白色と決まっている。帽子は紺色で、風通しのよい素材でできており、ズボンの色も帽子と同じく紺色。

シャツ

東京消防庁の場合、夏服のシャツの色が白ということのほかに、開襟(小開き式)であること、前立てにボタン5個、胸ポケットは左右各1つでふた付き、ボタン各1個で留めることなども決まっている。

東京消防庁の消防吏員服制により、東京消防庁の消防吏員は、正服の夏服を着用時にネクタイをする場合は、えんじ色または濃紺色のネクタイにしなくてはならない。ちなみに総務省消防庁が定める消防吏員服制基準ではそこまで明記されていない。

Fireman

消防吏員（活動服〈執務服〉）

襟

特に優秀な技能が認められた人は、TOKYO FIRE DEPARTMENT SPECIALISTというバッジをつけることができる。

庁名標示

左胸ポケットの上に「東京消防庁」と黄色で標示する。

ベルト

バンド部分は紺系色の合成繊維地だが、バックルは金属製で中央に消防章がついている。

協力：東京消防庁

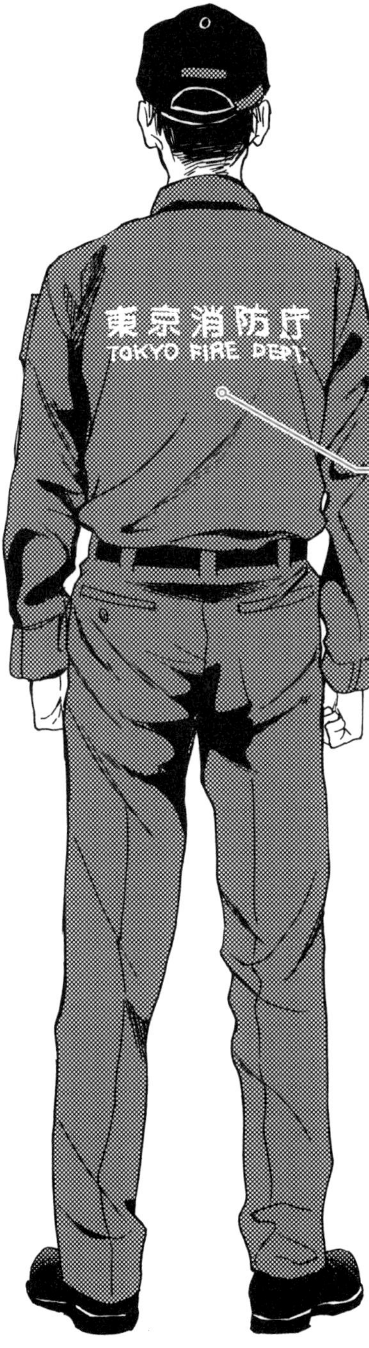

消防吏員の“普段着”

火災現場へ赴く消防吏員が普段着用している服。出場の際は、この上から防火衣を着る。イラストは東京消防庁のもの。正服同様、市町村ごとにデザインや生地などが多少異なり、東京消防庁では活動服は執務服と呼ばれ、色も活動服が濃紺系なのに対し紺系。ただし、どちらも一部にオレンジ色を配する。

上衣

背中に消防本部名を表示。東京消防庁の場合は、上段に「東京消防庁」、下段には「TOKYO FIRE DEPT.」と必ず黄色で併記する。

Zoom up

濃紺系の略帽を着用。徽章として銀色金属製の消防章をつけるとされているが、東京消防庁では、前面に「TOKYO FIRE DEPT.」と金色で標示。後ろ側のくりの上部に階級を標示する。

Fireman

消防吏員(防火衣)

消防吏員の命を守る防火衣

火災が起きるといち早く現場へ駆けつけ、消火や救助などにあたる消防隊(東京消防庁ではポンプ隊といわれる。イラストはポンプ隊のもの)。消防吏員といってまずイメージするのが彼らの活躍ぶりだという人も多いはず。出場する際には、難燃繊維で作られた防火衣を活動服(執務服)の上から着用する。防火衣自体に重みがあるほか、防火帽や酸素ボンベ、呼吸用マスク、無線機などなど装備一式をつけると、総重量は20キロ近くになるといわれる。しかし、現場ではそれをものともしない迅速な動きで、消火や救助活動にあたる。

Zoom up

ヘッドライト

現場が暗かったり、煙で周囲が見えにくい状況などでも活動を容易にするために必要。

防火帽

火によって熱せられた空気が襟元から服の中に入るのを防ぐために、防火帽には「しころ」と呼ばれる、首を保護するための布や目を守るシールドがついている。

面体

煙や有毒なガスを防ぐためのマスク。

ロープ

救助や資器材の固定などで使用。

防火衣

耐火性に優れた素材で作られている防火衣。しかしあくまでも「耐火」で「不燃」ではないので、ポンプ隊といえどもいつまでも炎の中で活動ができるわけではないのだ。

靴

危険物を踏んだり、物が落ちてきてもケガをしない、安全性の高い編み上げの長靴。

協力:東京消防庁

Fireman

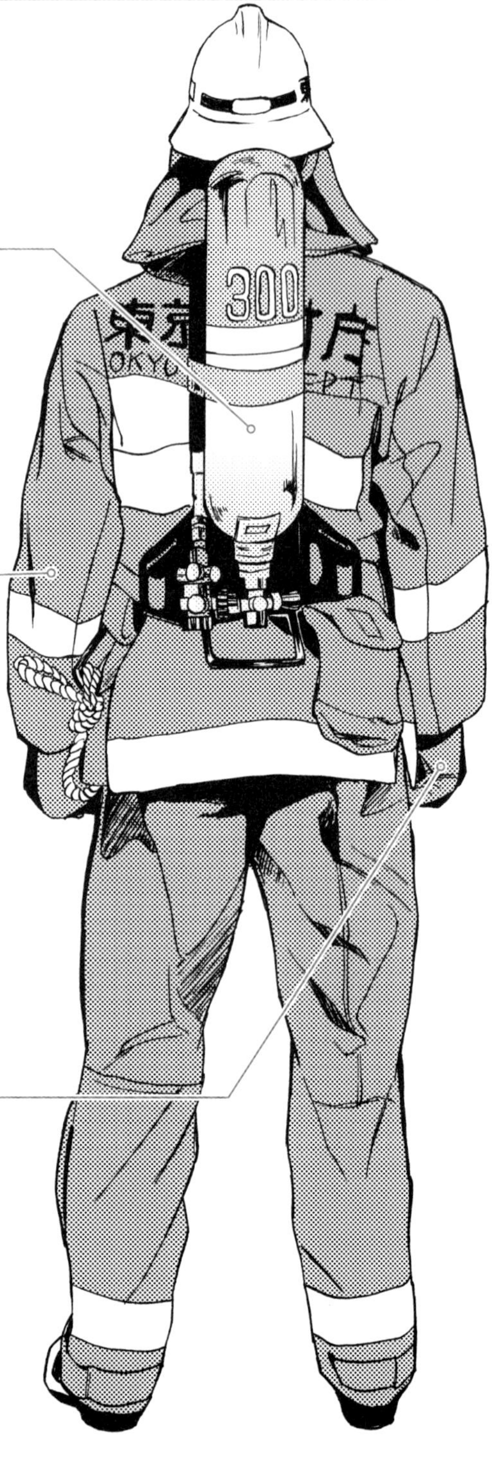

ボンベ

炎と煙が充満しているような現場では、呼吸もままならないため、空気呼吸器は必須。ボンベは、必要に応じてバルブの開閉をすることなどから、バルブが下にくるようさかさまに背負っている。

防火衣

上下セパレートの防火衣。上着の内ポケットには、熱から体を守るために保冷剤などを入れることができる。

手袋

現場で釘やガラスなどの危険物から手を守るためのかなり分厚い手袋。

COLUMN

高所で活躍！　はしご隊

高層ビルや高架橋など、主に高所での火災などではしご車を動かし、救助活動をするのがはしご隊(はしごは下方向にも伸びるので、海や河川に転落した人を救出することもできる)。東京消防庁のはしご隊の場合、ポンプ隊の防火衣とは色が違うほか(はしご隊の防火衣はオレンジ)、防火衣の下は、ポンプ隊の執務服にあたる、オレンジ色の救助服を着用している。はしご隊ならでは！という特徴的な装備としては、活線警報機というものがあり、これは地上40メートルほどの高さで作業することもある隊員たちが電線に触れて感電するようなことがないよう知らせてくれるものだ。

CHECK!

消防吏員が活躍するエンタテインメント作品の中からオススメ小説&マンガをPush！

Comic

曽田《そだ》 正人《まさひと》
『め組の大吾』
小学館文庫　全11巻

命を救いたいという熱い思いが漲る若き消防官・朝比奈大吾の活躍を描く。連載中に消防官の採用試験の倍率が跳ね上がったといわれる大人気作品。第42回小学館漫画賞受賞。

Novel

北上《きたかみ》 秋彦《あきひこ》
『火炎都市』
実業之日本社
ジョイ・ノベルス

東京を次々と襲う連続放火事件。その炎で恋人を失った若き消防士は、放火魔グループに憎しみを募らせる。しかし消防関係者が事件に関与している疑いが浮かび…。

Fireman

消防吏員
（救急服）

帽子

濃いめの灰色の帽子の中央には、消防章がついている。

上衣

汚れにくく、何度洗濯しても傷みにくい丈夫な布で作られている。

協力：東京消防庁

襟は替え襟

救急現場に駆けつけて、ケガ人や病人に適切な処置を行い、迅速に病院へ搬送する救急隊員。彼らが着用しているのが救急服。全国的に服の色は、冬は明るい青みの灰色、夏は明るい黄みの灰色で、救急帽は暗めの灰色となっている。イラストは東京消防庁のもので、こちらは夏冬ともに明るい灰色で、救急帽は暗めの灰色。

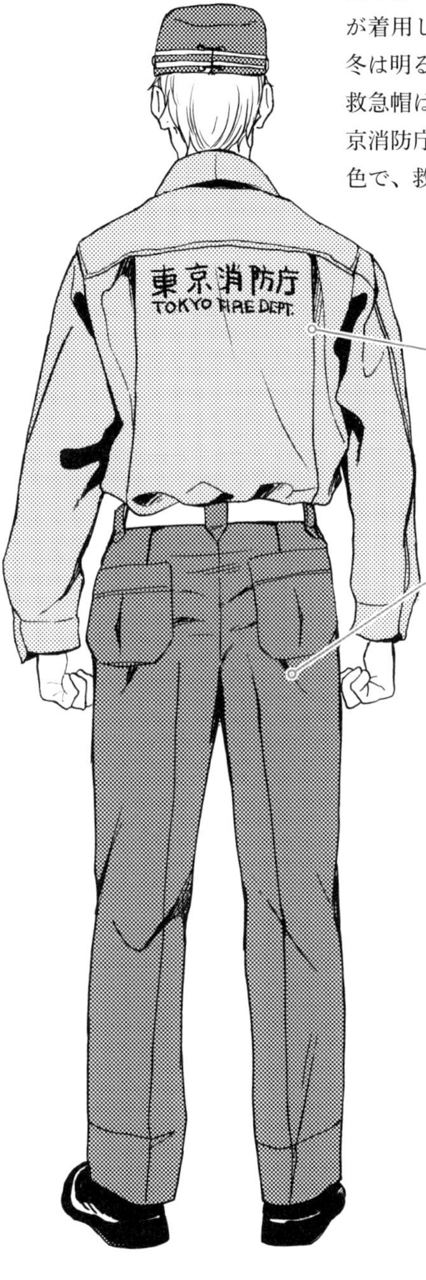

上衣

庁名標示として、上段に「東京消防庁」、下段に「TOKYO FIRE DEPT.」と濃い灰色で併記されている。

パンツ

動きやすさを重視し、ゆとりのあるラインになっている。

Zoom up

襟部分は、替え襟になっており、これはいつも制服を清潔に保つため。容易に別のものと付け替えられるようになっている。素材はシャツ地の代表的存在ともいえるブロード(ポプリン)。

Fireman

消防吏員
（感染防止衣）

マスク

感染防止衣を着用したうえで、マスクや手袋によりさらなる感染防止を心がける。また、ゴーグルをして目の保護をすることも。

ロゴ

オレンジ色で「東京消防庁」の標示がある。

上衣

真夏に着用することもあるため、通気のためのファスナーがついている。

協力：東京消防庁

ウイルス感染を防ぐ

救急隊員が救急活動をする際に、救急服の上から着用するのが感染防止衣(上下セパレート)。救急活動時には、常にウイルスによる感染の危険性があり、また救急隊員が感染した際に二次感染が広がるのを防止するため、着用が導入された。イラストは、東京消防庁が2009年より導入している新型感染防止衣。

上衣

庁名標示として、上段に「東京消防庁」、下段に「TOKYO FIRE DEPT.」とオレンジ色で併記されている。

Zoom up

以前は使い捨てタイプのものを着用していたが、現在の新型感染防止衣は、消毒、滅菌処理、洗浄を何度繰り返しても性能劣化することがなく、また高い耐久性もあるため、医療廃棄物の軽減にもつながっている。

Policeman

警察官

全国で規格が統一

市民の安全を守る警察官が着用している制服は、主に冬服・合服・夏服・活動服の4種類。エンブレムなどに標記された都道府県警察名以外は、全国で規格が統一されており、違いがない。

冬服	●上下ともに濃紺色で、上衣は折襟式のシングルジャケット（黒金色の金属製ボタンが3個ついている）。右上腕部には、警察庁もしくは警視庁、都道府県の名称と各所轄庁が定めた図柄が入ったエンブレム（台地は黒）が、左胸には識別章と階級章がついている。左右胸部にポケットが各1個、左右の腰部にあるふたは、無線機や拳銃を通すための貫通口につけられたものでポケットではない。 ●ズボンは、ベルト通しが7本、両側および後面左右にポケット各1個があり、ベルトは黒色で、金色の日章がついた銀色のバックル付き。 ●ワイシャツは、紺色の肩章がついた専用の制服用ワイシャツを着用。ネクタイは紺ねず色。
合服	●冬服・夏服の移行期に着用。上下ともに紺色で、制式は冬服と同様。 ●ネクタイは、あいねず色。
夏服	●上衣は水色のシャツで、襟のタイプはシャツカラー式。前立てには黒金色の樹脂製ボタンが6個ついている。ポケットは左右胸部に各1個。半袖と長袖があり、襟側を同様のボタンで留めたあい色の肩章と、右上腕部にはエンブレムがついている。 ●ネクタイは着用しない。 ●ズボンはあい色で、制式は冬服と同様。
活動服	●冬活動服と合活動服があり、どちらも冬服・合服と色は同じ。上衣は、襟・肩章は冬服と同様。丈の短いブルゾンタイプで、腰回りにシャーリングが入っている。前立てには黒金色の金属製ボタンが1行4個ついており、左右胸部に各1個ポケットがある。 ●合活動服も同様だが、冬活動服のネクタイが藤ねず色なのに対し、合活動服のネクタイは明るいねずみ色。 ●ズボンもそれぞれ、冬服・合服のズボンと同様。動きやすく、交番勤務の警察官が着ていることが多い。

夏服

帽子

制帽は、冬帽子・合帽子・夏帽子の3種類。冬帽子は濃紺、合帽子は紺色、夏帽子はあい色。日章を桜で囲むようデザインされた帽章がついている。活動服着用時には、キャップタイプの活動帽(冬活動帽子・合活動帽子・夏活動帽子)をかぶる。それぞれ制帽と色は同じ。

左胸ポケット上についている識別章と階級章。識別章は樹脂製で、アルファベット2文字と数字3ケタの識別番号が記されている(裏面には所属の都道府県警名を表示)。階級章は金属製で、中央に日章と日章台、日章台の両側と下部に桜葉がついた横板の両端に、階級によって短冊状の板をつけ、階級を表す。

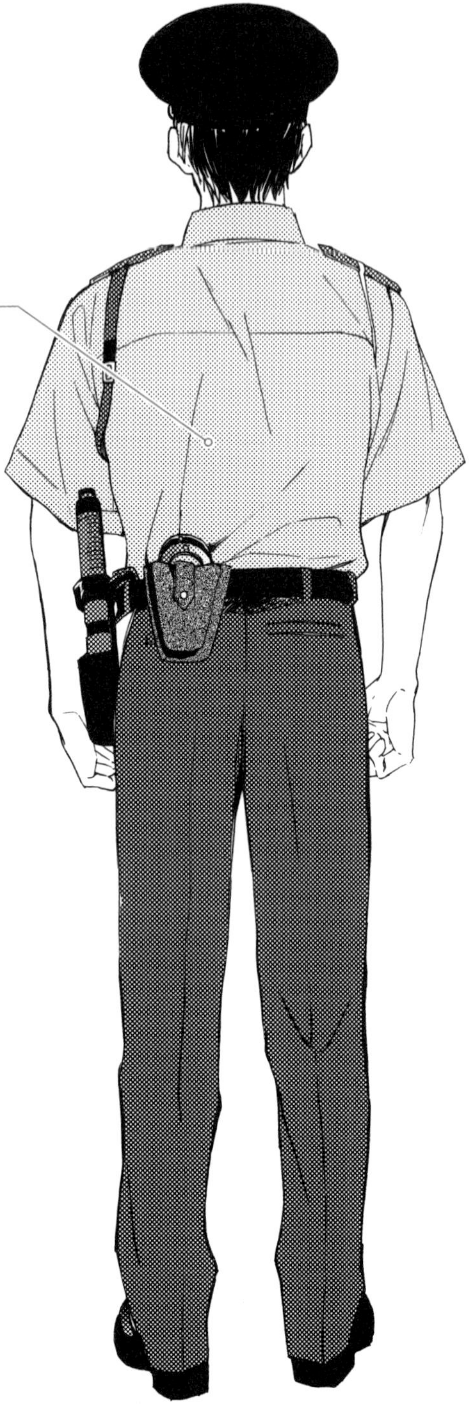

上衣

冬服の背面は、サイドベンツが入っており動きやすい。夏服の上衣背面には、上部にヨークが入っている。

Trivia

制服警察官の持ち物は、主に、警察手帳・手錠・拳銃・警笛・警棒・無線機など。警棒や拳銃は直接ベルトにつけているわけではなく、ベルトにつけた黒色の帯革に、拳銃用調整具、留め革、手錠入れおよび警棒つりを通し、調整具に拳銃入れを留めている。ほかにいつも携帯しているものとしては、筆記具、印鑑(書類手続きに必須)がある。

COLUMN

出勤＆着替えはどこで!?

パトロール中で不在のとき以外は、常に警察官がいる交番。そこで勤務する警察官たちは、はたしてどこで制服に着替えるのか。もしかしたら、交番の奥のほうで着替えているのかも!? などとちらっとでも思っている人はいないだろうか。実は、警察官の制服は、警察署内でだけ着替えることが許されている。そこ以外では着替えてはいけないのだ。そのため、交番勤務の警察官は、私服で警察署に出勤し、更衣室で制服に着替え、装備を点検してから、配属されている交番へパトカーなどで向かうのである。けっして交番に直接出勤することもなければ、交番の中で私服から制服に着替えることもない。そして、制服のまま家に帰るというようなこともない。制服を着ている勤務時間内とそうでないときの線引きが厳しくしっかりとされているのだ。

CHECK!

警察官が登場するマンガや小説などエンタテインメント作品は、数多くあって目移りするほど。その中から刑事ではなく、交番勤務の警察官が活躍する作品をオススメPick up ！

Novel

乃南《のなみ》アサ『ボクの町』
新潮文庫

巡査見習いとして霞台駅前交番に配属された高木聖大は、道案内や盗難届けの手続きなど、交番での仕事に追われるも失敗続きで挫け気味。そんな聖大の成長を見守りたくなる1冊。

Comic

石川《いしかわ》チカ『交番PB《コーバンピービー》』
幻冬舎コミックス バーズコミックス スピカコレクション 1巻

ハマチョー交番に勤務している、仕事はできるがチビでキレやすい先輩・武田と、背が高くておバカな後輩・仙波の凸凹コンビによるドタバタな毎日を描く、人気シリーズ。

交通機動隊員
(交通乗車服)

冬服

上衣

交通乗車服の冬服・合服は、紫み青色。上衣は折襟式で、前面はダブルで、金色ボタンが3個ずつ2行ついている。左右胸部にあるポケットはファスナー付きの斜め切りポケット。

夏服は、明るい紫み青色。上衣は立ち返り襟式で、冬服と同じくダブルのジャンパーだが、銀色のボタンが4個ずつ2行ついている。ポケットは冬服と同様。

防寒服は冬服と同様だが、色が青み黒色に。

靴

乗車靴。黒色革製で、脇にファスナーがついた長靴式。

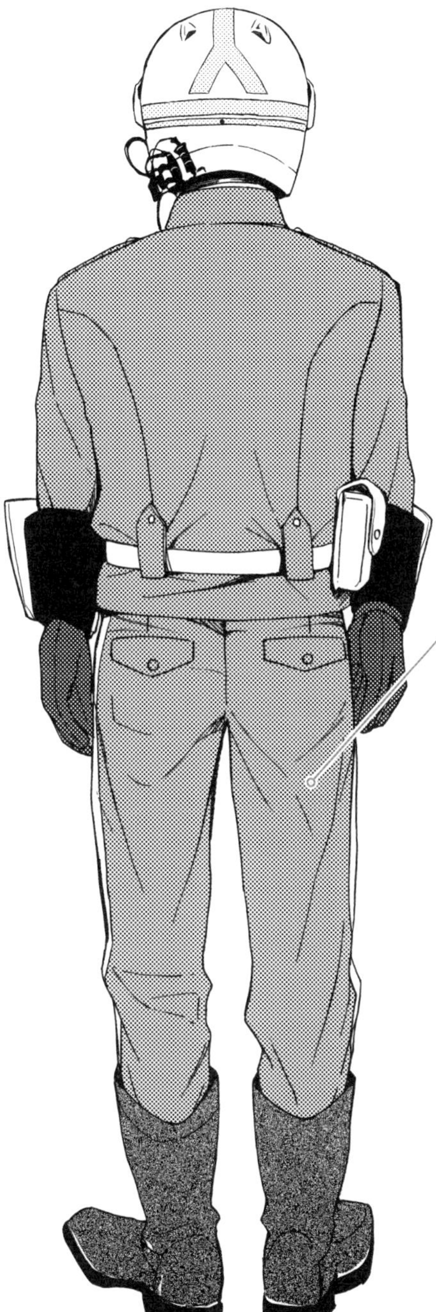

ブルーのライダースーツに白マフラー

交通ルールの指導、違反の取り締まりを主な任務とする交通機動隊。白塗りの交通取締用自動二輪車、通称白バイに颯爽と乗って、違反者を厳しく取り締まる白バイ隊員が着ている制服は、交通乗車服と呼ばれる。ハイウェスト型の長ズボンに短めの丈のジャンパー、ヘルメット、ブーツが定番装備。

ズボン

下衣は、紫み青色のハイウェスト型の長ズボンで、両脇に白字に金色線の側線が入っている。前面のポケットはファスナー付き切りポケットで、後ろの左右ポケットはふた付きポケット。両裾の外側下部はファスナー開きになっている。

夏服は、上衣と同じく明るい紫み青色。制式は冬服と同様だが、側線は銀色に。

防寒服も冬服と同様だが、色は青み黒色、側線は銀色に。

マフラーは白色。マフラーをしない場合は、時期に合った制服のネクタイと同様のものを着用。

鑑識官
(警視庁)

上衣

冬服(合服)は紺色、立襟で前面はファスナー開閉式になっている。左右胸部、腰部にふた付きのポケットがあり、左胸ポケット上部に、黄色の糸で東京都なら「警視庁」と刺繍が入っている。

夏服はシャツカラー式で青色。半袖または長袖。前立てはボタン6個1行で、左右胸部にふた付きポケットが各1個ついている。

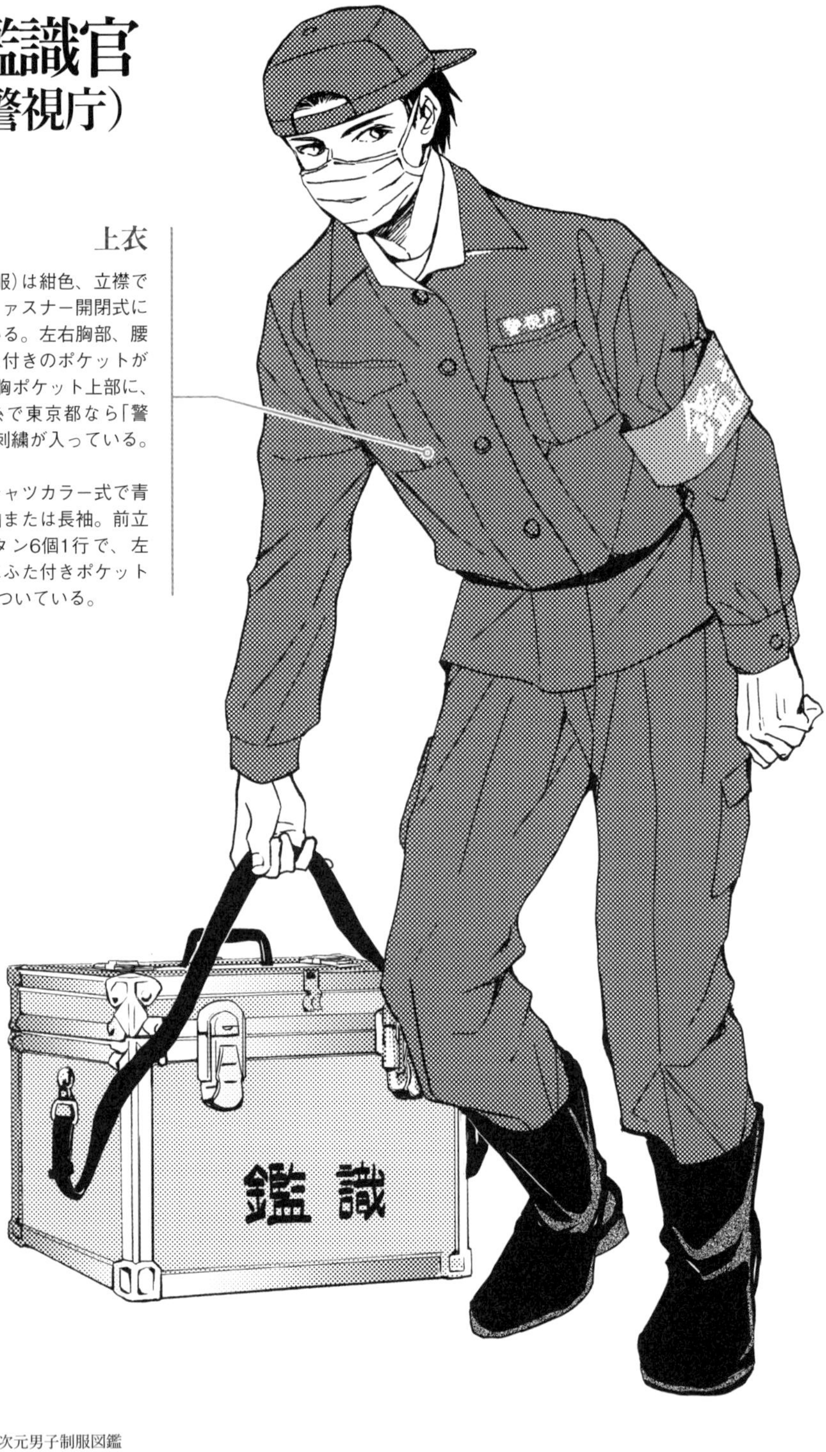

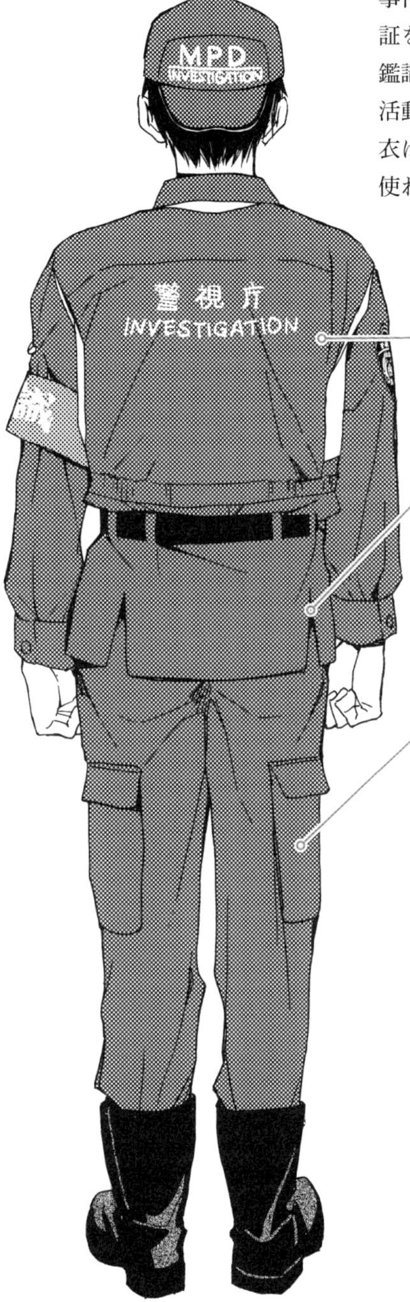

現場では鑑識活動服を着用

事件現場から指紋や足跡、血痕、毛髪などの物証を採取し、科学的に検証する鑑識官。現場で鑑識活動をする際には、作業服または現場鑑識活動服を着る。上衣は、腰まで隠れる丈で、下衣はズボン。警視庁の場合、マチ部分に黄色が使われている。イラストは警視庁の鑑識活動服。

上衣

背中上部に、黄色の文字で「警視庁INVESTIGATION」と標記がある。

ベント

サイドベンツで動きやすくなっている。

ズボン

色は上衣と同じ。左右の大腿部と後ろ左右にふた付きポケット、両脇に斜め切りポケットがついている。

Zoom up

冬服(合服)、夏服ともに帽子は上衣と色、生地は同様。ドゴール帽型で、正面中央部に青色地に金色の糸で「MPD INVESTIGATION」と刺繍した標識をつける。

パイロット（航空機操縦士）

帽子

中央には帽章がついており、機長の帽子のつばにANAでは月桂樹の葉の模様が刺繍されている。

シャツ

パイロットシャツとも呼ばれる専用シャツについている肩章には、機長は金ラインが４本、副操縦士は３本入っている。シャツの胸にも航空会社のロゴが入った胸章がついている。

協力：全日本空輸（ANA）

凛々しいジャケット姿

一般には航空機の操縦士を指す。日本では航空法上、航空機には２人の操縦士が乗務することが義務付けられており、機長(パイロット)と副操縦士(コ・パイロット)が乗務している。ANAでは、濃紺のダブルジャケットに帽子を着用。帽章や胸章、色などで航空会社を見分けることができる。

袖

ANAでは、肩章と同じく、袖章として機長は金ラインが４本、副操縦士は３本入っている。袖周りにぐるりと入っているイメージがあるが、実は裏側は途切れている。

Zoom up

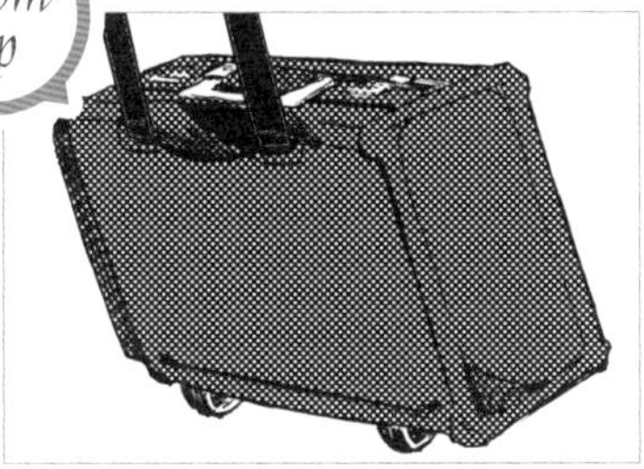

フライトバッグは、航空会社によって多少デザインの違いはあるが、基本は黒色の丈夫なもの。中身は、旅客機の操縦ライセンスといえる事業用操縦士技能証明書をはじめ、パスポートや無線の免許証、離陸や着陸のルートなどがまとめられたルートマニュアル、サングラスや手袋のほか、あいさつしてくれた子どもたちにあげるシールなど、様々なものがつまっている。

Aviation

客室乗務員（航空機）

ベスト

ブルーの半袖シャツとともにベストを着用。ボタンは5個ついており、スタイリッシュなライン。ちなみにジャケットはシングルジャケット。

Trivia

2014年（8月）現在のANAの制服は、デザイナーの田山淳朗氏によるもので、ANA創立50周年と羽田第2旅客ターミナルの移転を機とし、2005年5月1日から導入された。このときからANAグループの客室乗務員が統一されたデザインの制服を着ることになった。

協力：全日本空輸（ANA）

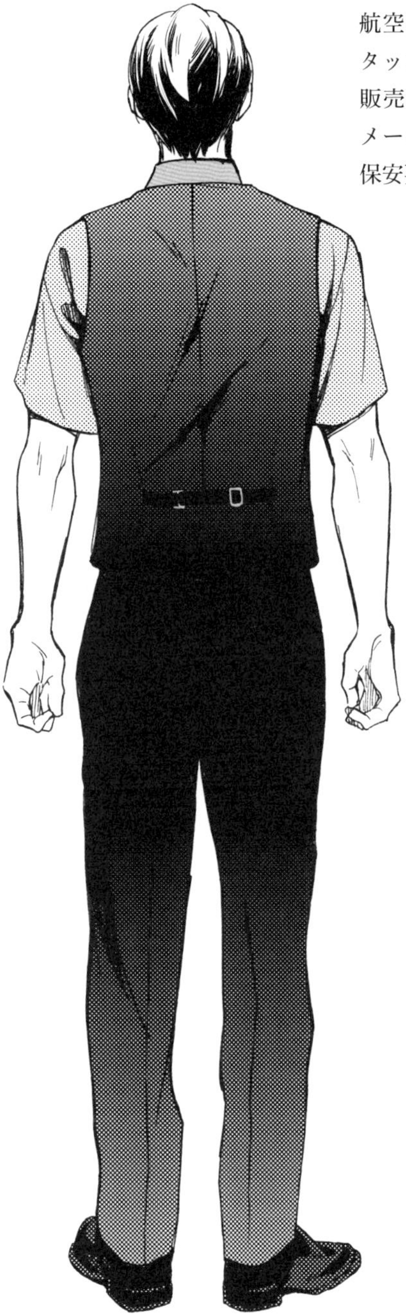

新制服導入は2014年冬から

航空機の乗客がもっとも接する機会が多いスタッフが客室乗務員。機内で飲食の提供や機内販売などサービスをしてくれる人、というイメージが強いが、目的地まで乗客の安全を守る保安要員としての業務も重要な任務である。

Trivia

2014年4月に、ANAはグループの客室乗務員・地上旅客スタッフ・ラウンジスタッフといったフロントスタッフ1万3千名の制服を一斉リニューアルすることを発表。新デザインは、ニューヨークの新進気鋭のデザイナーであるプラバル・グルン氏によるもので、2014年冬から着用開始予定。

Zoom up

ANAといえばANAカラーとも呼ばれるブルーのイメージが強い。現在の制服もブルーのシャツに紺地のジャケットやベストだが、新制服は、ライトグレーのジャケットにチャコールグレーのボトムスのセットアップ予定（2014年8月現在）。ANAカラーはネクタイに取り入れられる。

整備士（航空機）

イヤーマフ

特に、エンジンが作動し、轟音がする飛行機のそばで働く整備士に欠かせないのがイヤーマフ。これにより騒音を防ぐ。

協力：全日本空輸（ANA）

安全第一！

航空機が安全に空の旅をするために、重要な役目を担っているのが整備士。ANAでは、空港に到着した航空機を点検・整備し、再び送り出すライン整備部門、エンジンのメンテナンスを担当する原動機整備部門、電子機器や計器など装備品の点検・整備を担当する装備品整備部門、格納庫で機体の定期点検・改修を行う機体整備部門などで活躍している。

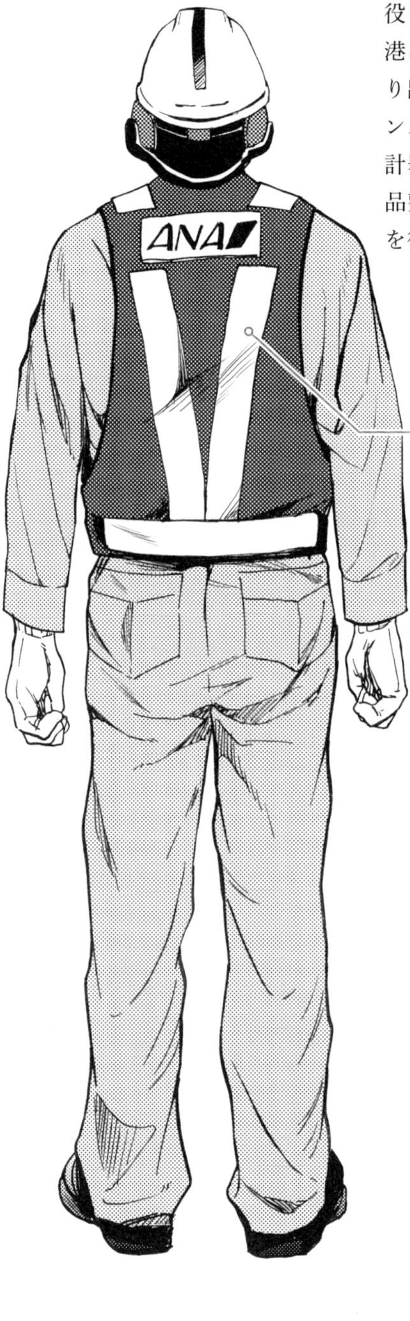

ベスト

様々な車両の往来がある現場で必須のアイテム。反射材が使用されており、着用者が他者から認識されやすくなることで、事故防止につながる。

Zoom up

整備士が持っているフラッシュライト（懐中電灯）は、強力な光を発することのできる特別なもの。整備には欠かせないツールのひとつ。

バス・電車運転手（運転士）・駅員

シャツ
うっすらと青みがかったシャツの襟、前立て、肩部には薄くストライプが入っている。規定のものが貸与されている。
ネクタイ
ブルーグレー地に銀色のストライプが入った規定のものを貸与。

協力：東京都交通局

ジャケット+エンブレムが定番

バスや路面電車の運転を行う運転手(地下鉄は運転士という。職種によって呼称が違う)・駅員。運行している各社の制服はほぼ似通っており、主に白シャツ、ダーク系のジャケット、ネクタイ、帽子着用が基本。イラストは、都営バス・都営地下鉄などの事業を行っている東京都交通局のもので、都営バス・都営地下鉄の制服は共通である。

ジャケット

ダブルジャケットのデザインは、後姿のラインもすっきりしている。ちなみに、ベストの貸与もあり、ベストは前にボタンが5個ついたシンプルなデザイン。

Zoom up

左胸にエンブレムが、帽子には帽章がついており、どちらも東京都のシンボルマークを中心にデザインされている。ちなみに、このシンボルマークは東京都の頭文字「T」を中心に秘め、3つの円弧で構成したもの。

Driver

タクシー運転手

ベスト

ジャケット姿以外にも、白シャツにベスト、ネクタイ姿も定番だが、会社によっては、夏季でもジャケット着用のルールがある。

帽子

かぶっても視界を妨げないようなデザインになっている。つばは紺か黒、頭部は白か紺、黒色が多い。

ベスト姿で運転することも

希望の場所へ連れていってくれる便利なタクシー。各運転手が個別に客に対応することもあり、大概のタクシー会社が運転手に制服着用を義務付けている。紺や緑､灰色などのジャケット(シングルが多い)に白色のワイシャツ、ネクタイ、ベストが主流。タクシー会社によっては、帽子も採用。

ベスト

長時間の運転を考慮して､運転しやすい(動きやすい)よう、ジャケットを脱ぎ、ベスト姿で運転するドライバーも少なくない。

手袋の着用は任意の会社が多く、手袋をしている運転手の中では白手袋が主流だが、タッチパネル式のカーナビゲーションシステムが白手袋をしたままでは使いにくいことなどから、指先が出ているドライビンググローブをしている運転手もいる。

Driver

宅配便ドライバー（佐川急便）

襟

ワンポイント的に赤いラインが入っている。イラストを描く際にはここも忘れずに。

シャツ

佐川ブルーとも呼ばれる青を基調に、身ごろの白ストライプが爽やかな印象のシャツ。佐川急便といえば『青と白』が印象的だが、実はストライプ部分に細く赤いラインが入っている。寒い時期には長袖を着用しているドライバーも。

協力：佐川急便

“佐川ブルー”のシャツが目印

国内では、ヤマト運輸の宅急便、佐川急便の飛脚宅配便、日本郵便のゆうパックなどで知られる宅配便貨物サービス。実際に荷物を運搬し、客先へ届けるドライバーたちは、いわばその宅配便の『顔』ともいえる存在。なかでも佐川急便のドライバーたちはイケメン率が高いといわれ、関連書籍が刊行されるほどの人気。

靴

道路や建物内を颯爽と歩くドライバーたち。足元は、動きやすさを重視したスニーカータイプが多い。

バッグの地は濃紺で、開口部は赤く、ファスナー式。利用者と金銭のやりとりをするための小銭やお札、不在票などが入っている。じゃらじゃらと音を立てながら、ドライバーが小銭を探してくれる姿を見かける利用者は多いはず。

神主

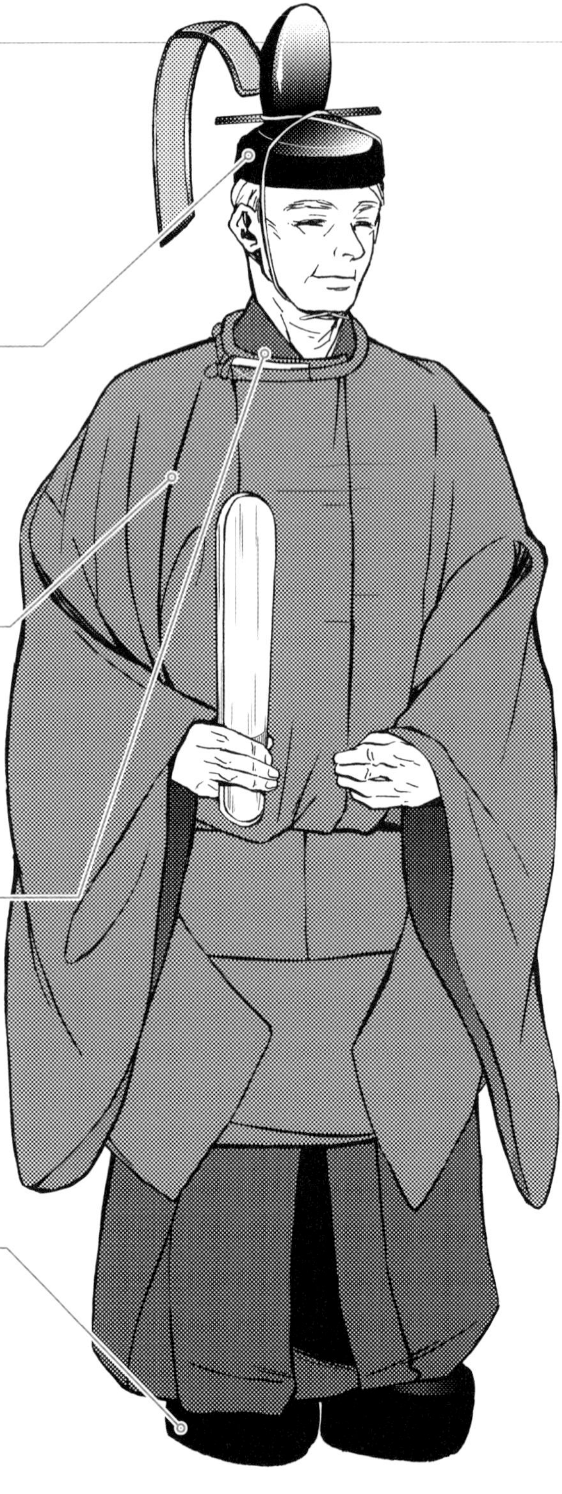

冠

冠は、色は黒だが模様が神職の位によって異なり、正服や斎服を着装したときのみかぶる。狩衣(かりぎぬ)や浄衣の際は立烏帽子と呼ばれる黒い帽子をかぶる。

上衣

袍(ほう)。正服では位によって色や模様が決められているが、斎服では務分に関わらず白袍を着装。狩衣は禁色を除いて自由。

単

袍の下には単(ひとえ)を着る。単は基本赤色だが、斎服や浄衣(白い狩衣)を着装する際は白色のものを着る。

靴

浅沓(あさぐつ)と呼ばれる、黒い木沓を履く。

色や模様に規定がある

神道、神社で祭儀や社務を行う人を神職と呼ぶ。一般に神主ともいわれるが、神主という職業名はない。正装・礼装・常装の服制が決まっており、神職の位別に色や模様の規定がある。正装は、大祭時に着用するもので正服(衣冠〈いかん〉)、礼装は中祭時に着用するもので斎服という。小祭や日常的な奉仕の際には、常装として狩衣を着る。下衣はすべて袴。

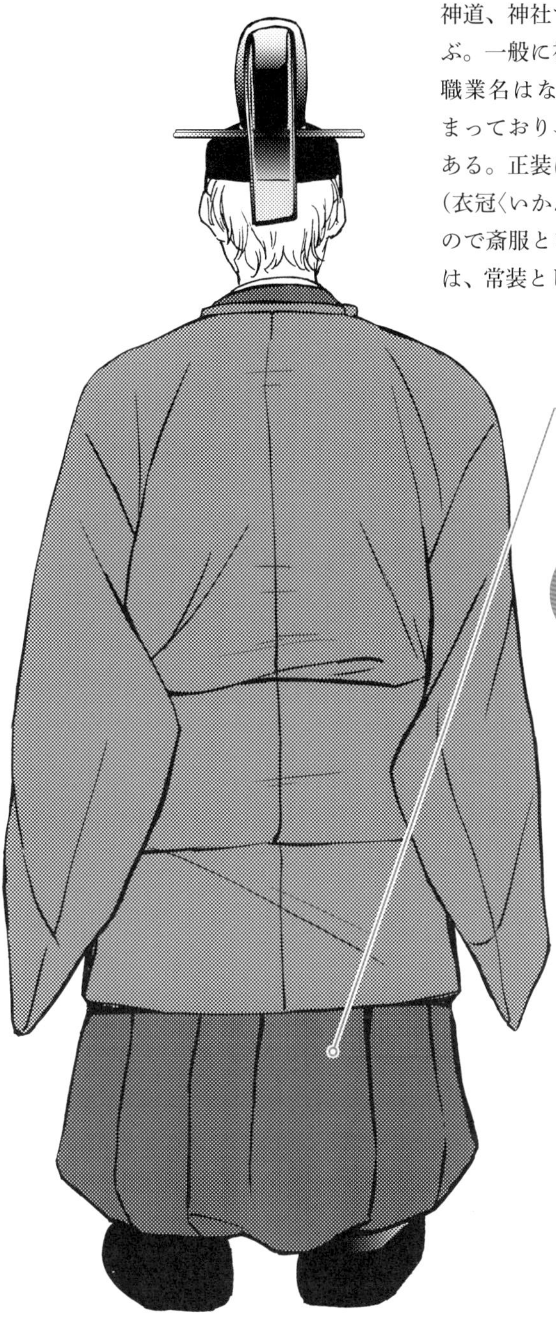

袴

正服では位によって色や模様が決められている奴袴という括り袴を、斎服では白色無紋の差袴、狩衣では正服に準じた色・模様の差袴を着装。

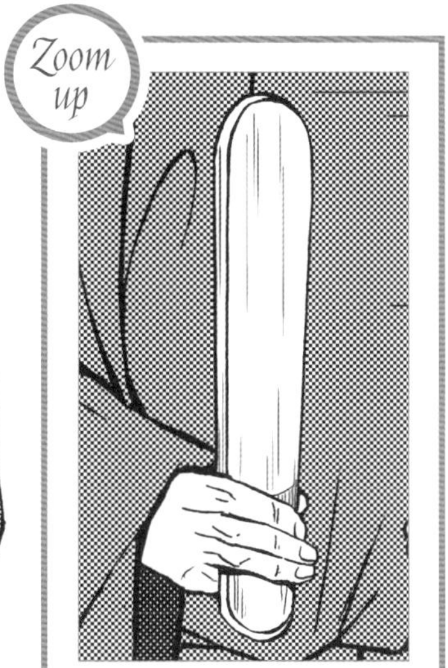

木製の笏(しゃく)。正服、斎服、狩衣、浄衣いずれを着装した際にも皆具(一揃えのもの)として用いられる。本来は男性の官人が束帯の際、威儀を整えるために持ったもの。

僧侶

法衣

一般的な法衣として、袍裳(ほうも)、鈍色(どんじき)、素絹(そけん)、直綴(じきとつ)の４種がある。正装用は宗派による形の差はほとんどない。僧侶の位によって色が決まっているが、黒の衣はどの僧侶が着装してもよい。略装用は宗派によって呼び名が変わる。

袈裟

袈裟は、法衣の上に着装する。当初ぼろ布を継ぎ合わせて作られていたことから、現在も小片の布を継ぎ合わせて作られている。布を数枚つないだ縦1列を1条とし、7列ある袈裟を七条袈裟、5列あるものを五条袈裟という。ほかに輪状の袈裟など様々な形がある。

正装と略装に大別

出家し仏道を修行している僧侶。ちなみに住職は、寺の責任者である住み込み専従僧侶のこと。僧侶が着装している服を法衣といい、正装と略装に大別される。正装のほうが略装よりも袖巾が広く、袖が大きくなっているほか、裾ひだの数も正装のもののほうが多い。また、色は、正装は多色あるが略装は黒のみ。

法衣

法衣は基本、上衣と下衣に分かれており、下衣として袴を着装しているが、僧侶が普段着用している直綴は上下縫い合わされている。

袈裟は、もともと古代インドで出家僧が使用していた三衣と呼ばれる3種類の衣が発展したもの。右肩を出すのも相手に敬意を表すインドの習慣に由来している。

神父

スータン

シングルで多数のボタンがついているものや、ダブルのものなどもある。地域や時代、宗派によってデザインには様々なものがある。カトリックでは、司祭は黒色のものを、司教は赤紫、枢機卿は赤、教皇は白色を着用。

ボタン

ボタンがついているスータンは、裾までボタンが数多くついているものが主流。

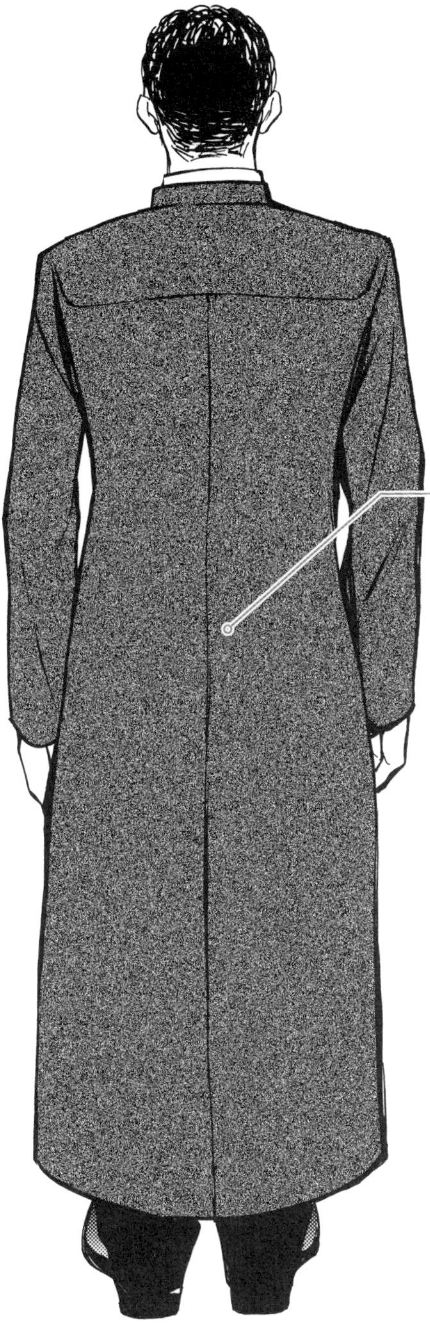

デザインは様々

カトリックや東方正教会の聖職者である神父(ちなみに職名としては司祭で、神父とは司祭に対する敬称)。その服装は、カトリックなどの西方教会と東方教会とで異なる。一例としてカトリックでは、普段は、スータン(キャソック)と呼ばれるスタンドカラーの足首まであるロング丈の服を着用したり、ローマン・カラーシャツ(黒色または灰色の立襟シャツで喉仏の部分が白色)にジャケットを着ることも。

スータン

柄やデザイン重視のようなスリットなどは入っていない。いたってシンプル。平服としてスータンを着る人は減っているらしい。

Trivia

ミサ(礼拝)の際には、アルバと呼ばれる白色のゆったりとした祭服を着用し、ストラという帯状のものを肩にかける。さらにその上からカズラと呼ばれる外套のようなものを着ることも。カズラやストラの色は、典礼暦(教会の暦)にそって赤・白・緑・紫の４色を使い分ける。

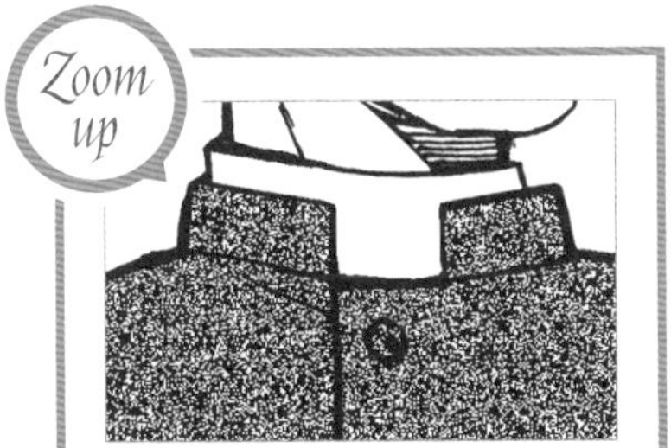

カトリックでは、スータンにローマン・カラーと呼ばれる、喉仏の部分が白色で、後ろ側でボタン留めするカラーをつけたり、ローマン・カラーシャツを下に着る人も。

Religion

牧師

ガウン

礼拝の際に牧師が着ることがある(教派によって決まっていない限り牧師によって自由)ガウンは、主に黒色でVネック。パイピングされているものもある。ガウンの下はシャツにネクタイという牧師も多い。

Trivia

教派によっては、聖餐式の際にキャソック(または黒い式服)の上にサープレスと呼ばれる白いゆったりとした上衣を着る(聖歌隊も似たものを着用)ことも。

基本は私服

プロテスタントの教役者(教職者ともいう。聖職者とは呼ばれない)である牧師が着ている服は、教派によって違いがあるが、多くのプロテスタント教会の牧師は、基本的に私服。ノーマン・カラーシャツ(立襟で喉仏の部分が白色のシャツ)を着る牧師もいる。教派や牧師によっては、礼拝の際に黒い牧師用ガウンを着て、ストール(帯状のもので首にかける)をつけることも。

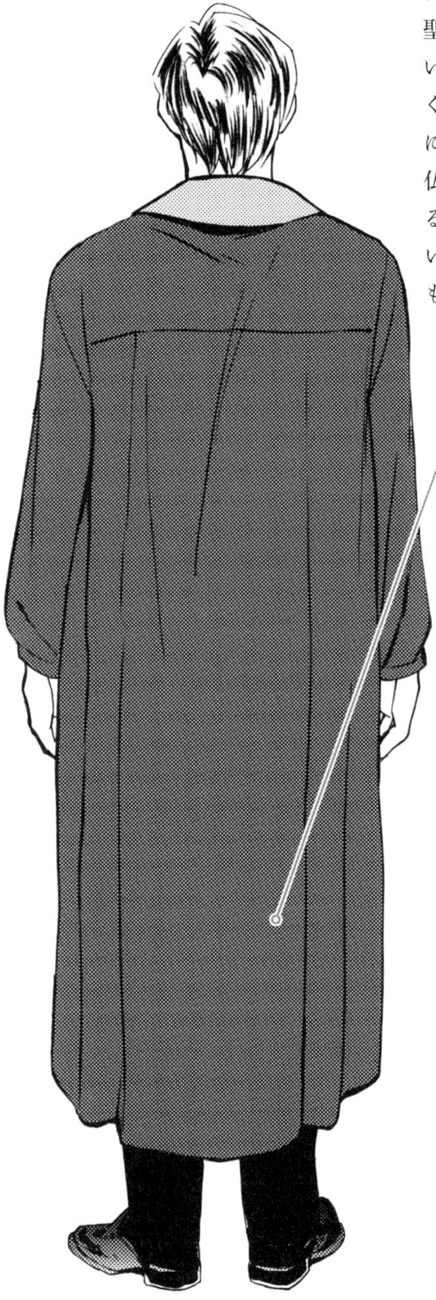

ガウン

デザインとしては、基本的にシンプルで、柄やスリット、ひだなどは特に入っていない。

礼拝の際に首にかける帯状のストール。教会暦にそって赤・白・緑・紫の4色(教派によっては青や黒が加わる)のストールが使い分けられる。

執事

常に品よく、礼節ある服装

多くのエンタテインメント作品に登場する執事。イメージの源は、19世紀のイギリスの上流階級の家々で活躍した、バトラーという上級使用人で、主人のかわりにその家の男性使用人を統括し、主人の補佐を担っていた。主人の身の回りの世話をする人、“私的秘書”的な存在として描かれることが多い。

COLUMN

男性使用人の役職

19世紀のイギリスでは、家事使用人の数がその家の社会的ステイタスを示すこともあり、上流階級ともなれば数多くの使用人を雇用していた。それを主たる雇用主が取り仕切るということはなく、男性使用人の統括を行っていたのがバトラーである(バトラーよりも地位的に上の使用人としてランド・スチュワード、ハウス・スチュワードがいる屋敷もあったが、非常に裕福な家に限られた)。

ランド・スチュワード	最上級の使用人。領地管理や家計管理を行う。ランド・スチュワードがいない場合は、バトラーがその役目を兼任。
ハウス・スチュワード	主に館の管理や、男性使用人の統括。ハウス・スチュワードがいない場合は、バトラーがその役目を兼任。
バトラー	執事(スチュワードも「執事」と翻訳されることが多く、意味合いが混在している)。フットマンとともに、主人の身支度の世話をするほか、スケジュール管理、食器・ワインセラーの管理、来客のもてなしなど、仕事は多岐にわたる。
ヴァレット	従者。主人に常に付き従い、主人が朝起きてから夜寝るまで世話をする。
グルーム・オヴ・ザ・チェンバーズ	客室係。客の送り迎えもするほか、フットマンの監督も担当。
フットマン	従僕。下級使用人で、バトラーの直接の部下。仕事内容は多様で、主人の衣服の準備や馬車の供回り(馬車に伴走)、や夜間の明かり持ちなど。

上衣

現代であればスーツ、時代ものであればフロックコートやテールコートなど正装・礼装をさせると、それらしき雰囲気が醸し出せる。

Trivia

バトラーは、お仕着せの服を着なければならないフットマンのような下級使用人とは異なり、私服の着用が許されていた。その際、主人との区別がはっきりとわかるよう、流行遅れのものを着たり、服に合わない色のネクタイをつけたりしていた。

上衣

現代の執事たちの服装は、主にスーツ。雇い主が制服として支給することも珍しくない。基本は雇い主の好む格好をするが、エンタテインメント作品でよく見かけるような、常時燕尾服ということはまずない。

Trivia

バトラー(butler)の語源は、古期フランス語の〈Bouteillie〉で、酒瓶を扱う人＝ワインなどの酒類管理者を意味する。実際に、ワイン管理はバトラーの主な仕事のひとつ。ちなみに、家令を意味するスチュワード(steward)の語源は、stig(豚小屋)とweard(番人)の合成語で、豚小屋の番人を意味するらしい。

COLUMN

執事になるには

執事になるための養成学校が存在する現在と違い、かつては、使用人としての経験を積み、転職を繰り返すのが執事になるためのもっとも主流な方法だった。使用人として働きはじめた少年たちは、まずは下働きとして雑用をこなし、ある程度の経験を得ると、別の屋敷へ従僕(フットマン)として転職。ただし、従僕には見栄えのよさも必要とされたため、すべての少年たちが従僕になれるわけではなかった。従僕として執事のもとで働き、仕事を学んだのち、執事に転職。別の屋敷で新人執事として働きはじめる。別の屋敷で働きはじめるのは、ポストの空きを求めてのこと。

CHECK!

執事が登場するエンタテインメント作品は数知れず。その中からオススメの2作品をPick up ！

Comic

勝田文(画) P.G.ウッドハウス(作)『プリーズ、ジーヴス』

□白泉社 花とゆめコミックススペシャル 1～3巻

20世紀前半のロンドンを舞台に、ちょっと頼りない青年貴族のバーディーと、そんな彼を見守る完璧な執事・ジーヴスが遭遇する事件と彼らの日常を描く。原作はイギリスの大人気小説。

Comic

よしながふみ『執事の分際』

□白泉社文庫

革命を前にした動乱のフランスを舞台に、美しくわがままな名門貴族の坊ちゃま・アントワーヌと、彼に仕える有能な執事・クロードの物語。

フットマン

ジュストコール

下級使用人であったフットマンは、雇い主より支給された服を着ていた。イラストは17～18世紀にかけて西欧の男性が着用した膝丈の上衣、ジュストコール。胴のラインがくびれており、下に着たジレ(ベスト)が見えるよう前を開けて着る。

ズボン

外見のよさ、特に足のラインが重要視されたことから、膝丈のズボンにストッキングが定番。

靴

ジュストコールに膝丈ズボンには、パンプスを組み合わせる。

膝丈の上衣＆ズボン＆パンプス

従僕。執事の直接の部下として、主人の身の回りの世話などのほか、執事の仕事を補佐するのがフットマン。外見のよい者が優遇された(身長は170センチはないとフットマンとして雇用されなかったともいわれている)。執事と違い、下級使用人であったフットマンは、雇い主よりお仕着せの服を支給され着用していた。

ジュストコール

裾が広がった膝丈のジュストコールは、フロックコートやモーニングコートの祖型に。

Trivia

19世紀のイギリスでは、男性使用人を雇用すると使用人税がかかるため、役割として不可欠な存在ではなかったフットマンを持つことは、富裕のシンボルでもあった。そのため他者に『見せる』存在でもあったことから、服は華美なものが多かったらしい。

袖口にレースがあしらわれたり、派手な刺繍がほどこされたりなど、華美な印象を与えるジェストコール。

ベルボーイ

ジャケット

スタンドカラーが一般的。丈が短めのボックス形のジャケットで、ベルボーイ・ジャケット、ページ・ボーイ・ジャケットとも呼ばれる。

手袋

客の荷物に触れたり、手で何かを指し示したりすることもあり、白手袋を着用。

スタンドカラーが一般的

ホテルの宿泊客がチェックイン、またはチェックアウトする際に、手荷物を部屋やロビーまで運び、ホテル内を案内する、フロントサービススタッフ。客室の基本的設備や非常口の説明などのほか、ロビー周辺の客の案内、整理も行う。スタンドカラーの上衣や円筒形の帽子を制服として採用しているところが多い。

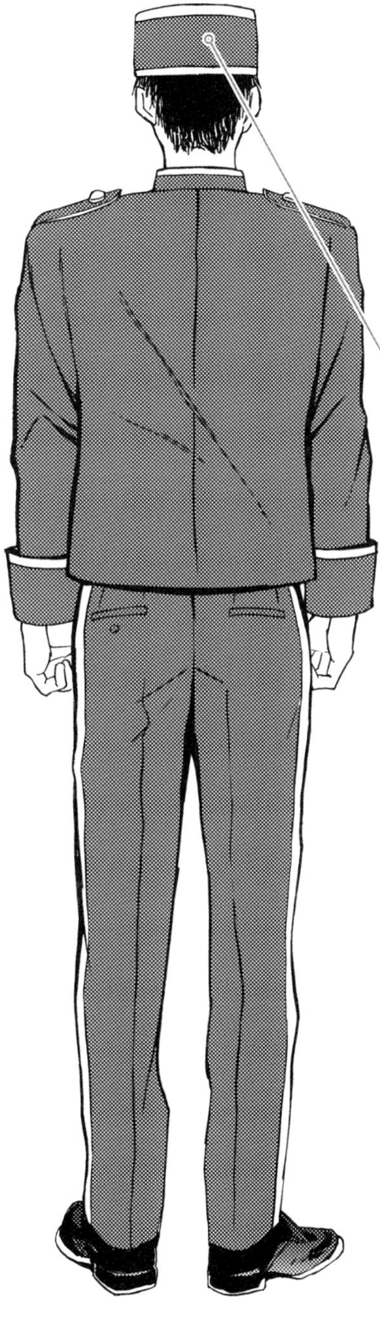

帽子

円筒形の帽子。フランスの警察や陸軍が制帽としているケピ帽を採用しているところもある。

Zoom up

昨今はベルボーイの制服も様々なデザインのものがあるが、一般的なベルボーイ・ジャケットは、金ボタンもしくは飾りボタンがついているものが多い。

ドアマン

ジャケット

屋外での仕事なため、冬はロング丈のコート着用が基本。そのホテルオリジナルのデザインで印象的なものが多い。

手袋

客に物や方向を指し示したりすることなどから、白手袋を着用。

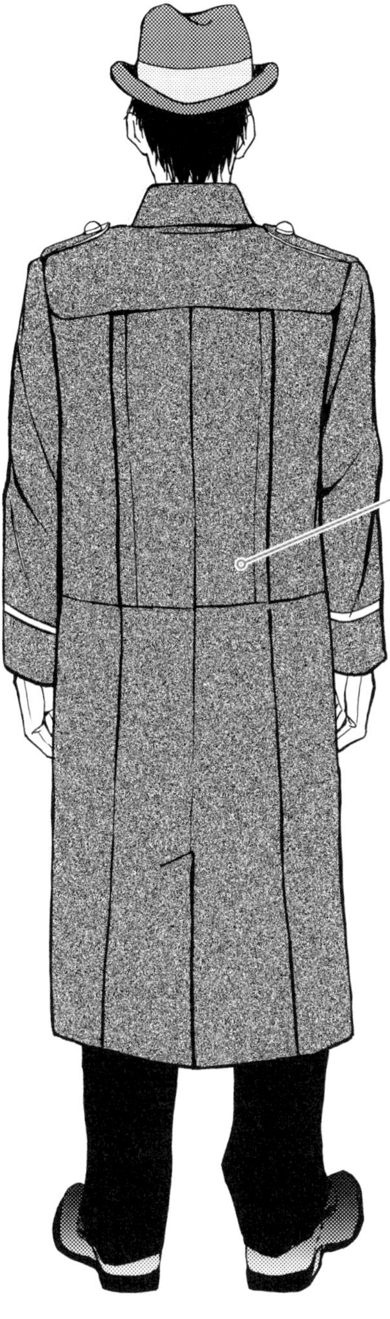

フォーマルな服装でお出迎え

ホテルの入り口で美しい立ち姿を見せつつ客を送迎してくれるドアマン。大概の客がまず最初に出会うホテルスタッフであり、そのホテルの印象はドアマンで決まるといっても過言ではない。車の誘導、タクシーの呼び出し、ホテル内外の案内や周辺の警備も担っている。一般的にフォーマルなデザインの制服が多い。

ジャケット

夏でもジャケットにズボンなどフォーマルな出で立ち。常に正装で客を迎え入れるというホスピタリティのあらわれである。

フランスの陸軍や警察の制帽であるケピ帽などの官帽や、シルクハットを採用しているホテルもある。

Chef

料理人
(日本料理)

前掛け

前掛けの紐は、一文字結びという結び方で締められている。一文字結びは、袴紐の結び方のひとつで、ソムリエエプロンなども同じ結び方をすると美しい。

Zoom up

日本料理の料理人が白シャツ・ネクタイの上にきっちり白衣を着て調理を行う姿。これは美食家として知られる北大路魯山人がはじめたものだという説がある。会員制の高級料亭・星岡茶寮を開店させた際、料理長にネクタイを締めるよう命じたといわれている。

シャツにネクタイの心意気

日本料理を作る料理人(板前)が上衣として着ているのは、基本、白衣。板前の中には、シャツ、ネクタイの上から白衣を着ている者もめずらしくない。襟あり･襟なし以外に、長袖･半袖･七分袖タイプなどがある。ズボンは､白か黒。胸あてのない腰巻タイプの前掛けをすることも。和帽子着用。

帽子

模様や柄の入っていないシンプルなもの。

靴

足元は、草履、革靴、サンダルなどを着用。店によって様々。

Trivia

日本料理の料理人は、厨房での役割が決まっている。

花　　板…板場(調理場)を仕切る料理長。板長とも呼ばれる。
次　　板…脇板、二番ともいう。副料理長的立場。
椀　　方…椀(汁物)担当。
煮　　方…煮物担当。
焼　　方…焼き物担当。
揚　　場…天ぷら担当。
洗　　方…具材の下ごしらえなどを担当。
追い回し…雑用係。

＊店舗によって違う場合がある。

Chef

料理人
(フランス料理)

帽子

高さがあることで、熱がこもらず頭が蒸れない。客前に出ない厨房では、高さがさほどない帽子をかぶっている場合も多い。日本では、店によってはコック帽の高さで序列を表しているが、フランスではそのような習慣はない。

ボタン

丸ボタンが2列並んでいるあたりは生地が二重になっており、火の熱や油から体を守る。前面に汚れが目立つ場合は、ボタンを外し反対側に留めることで汚れを隠すことができ、客前に出るときなどに便利。

エプロン

調理時の熱や油から下半身を守る。

靴

履きやすく、滑りにくい厨房シューズ。革靴を履いているシェフも。

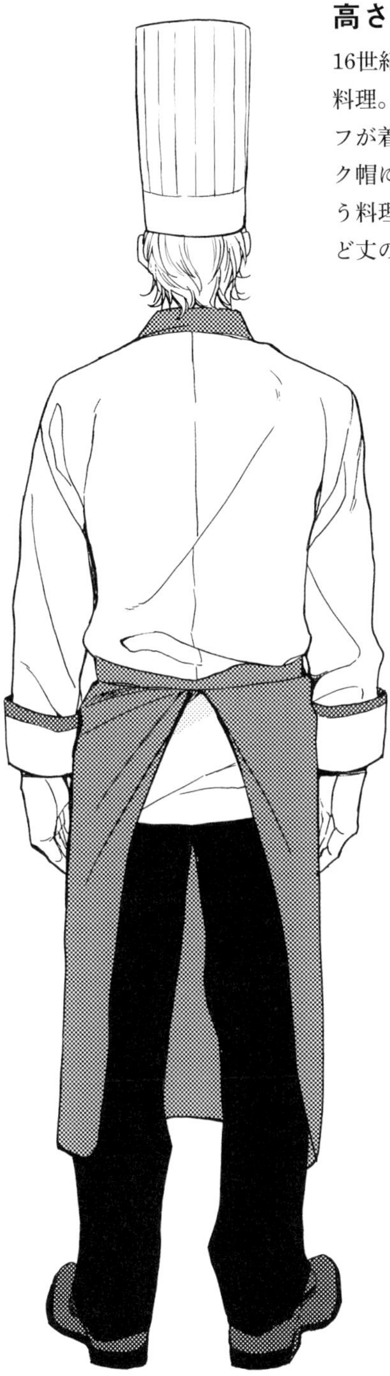

高さのある帽子が特徴

16世紀にイタリアから伝わり、発展したフランス料理。明治維新の頃に日本に伝来し、以来、シェフが着る真っ白なコックコートと高さのあるコック帽に憧れて、フレンチのシェフを目指したという料理人も少なくない。ふくらはぎまで隠れるほど丈の長いタブリエ(エプロン)も特徴的。

Trivia

高級レストランやホテルなど、多くのシェフが働くところでは各シェフの役割がしっかりと決まっている。たとえば、シェフ・ド・キュイジーヌは(総)料理長のこと。スー・シェフは副料理長で、その下に特定の料理(魚料理や肉料理、焼きもの、揚げものなど)をそれぞれ担当する部門シェフ、シェフ・ド・パルティがいる。ちなみに、パティシエは、デザート専門の部門シェフのこと。

Zoom up

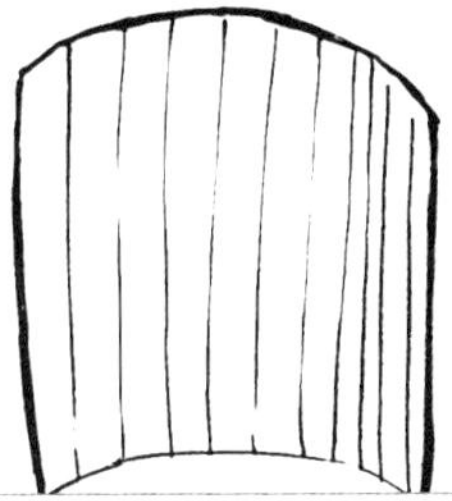

コック帽はフランス料理の発展に大きく貢献した名シェフ、アントナン・カレームが客がかぶっていた山高帽を気に入って真似したという説や、『近代フランス料理の父』と呼ばれるオーギュスト・エスコフィエが身長の低い自分を権威づけるために、高さのある帽子を着用し、それが広まったともいわれている。

Chef

料理人
(イタリア料理)

コート

フランス料理などのシェフが着るものと変わらないコックコート。イタリア料理店は種類が多いので、シェフの格好もかっちりと“シェフ然”としたものから、そうでないものまで様々。

Trivia

日本では、コックコートやエプロン、ズボン、厨房靴などはほぼ店から支給(貸与)されるが、イタリア料理に限らず海外のレストランで働く場合は、すべて自前で揃えなければならない。洗濯も自分でして、傷んだら、また自分で買い替える。というわけで、海外には日本に比べ数多くのコックコート店があるのだとか。

Zoom up

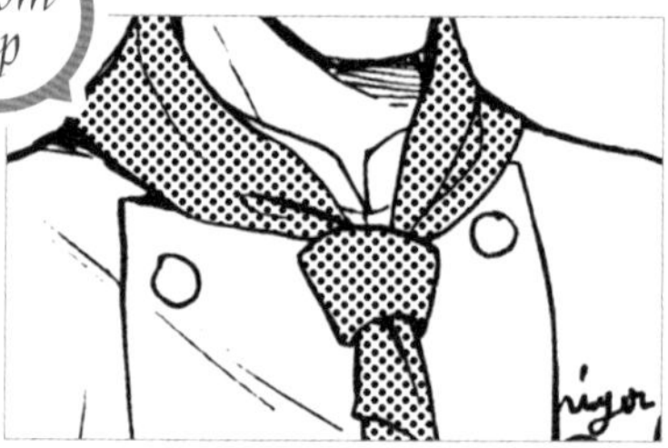

白だけでなく、赤や青、緑など様々な色があるスカーフ。色によってシェフの階級を示すというような意味合いはないが、かつては、唯一冷蔵庫を頻繁に開け締めすることを許されていたシェフ(料理長)だけが防寒のために首に巻いていたもの。別名・四角巾。

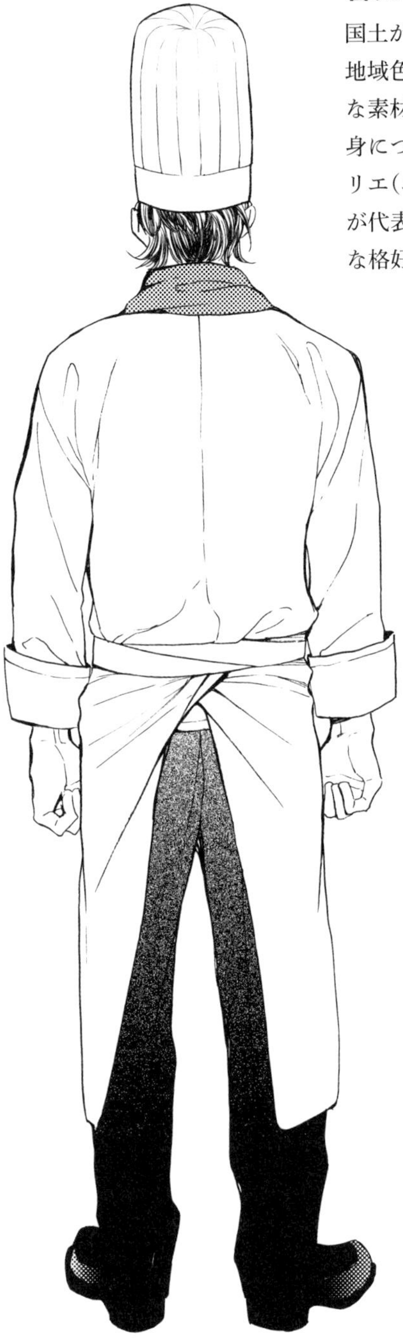

首元のスカーフが特徴

国土が南北に長く、地理的に多様なイタリアは、地域色豊かな食材を活かした料理が特徴。そんな素材の魅力あふれる料理を手掛けるシェフが身につけているのは、白いコックコートにタブリエ(エプロン)、帽子、そしてスカーフ(四角巾)が代表的。ピッツァ専門店などではカジュアルな格好のピッツァ職人もいる。

Trivia

イタリア料理のお店は多様。どんなスタイルでどんな料理を提供してくれるかによって、お店の種類も違うので、そのときの気分 & お財布事情に合ったお店へGO !

【主な店の種類】
リストランテ…高級レストラン。コース料理を提供。ピッツァは基本メニューにない。
トラットリア…リストランテよりはカジュアルなレストラン。フルコースも省略も可。
オステリア…大衆食堂、居酒屋のような店。ワインが豊富。
タベルナ…家庭的な雰囲気で気軽な食堂のような店。
スパゲッテリア…スパゲッティ専門店。単品での注文可。
ピッツェリア…ピッツァ専門店。専用の窯がある。
エノテカ…ワインバー。
バール…立ち飲み中心のカフェ。

Chef

料理人（中国料理）

コート

2列ボタンになっているコックコートは、前部分が二重になっており、火や熱、油から体を守るほか、汚れを隠すことができるようになっている。

パンツ

上衣に合わせ、白色のズボンを着用。前掛け（エプロン）をする場合は、丈の長いものが多い。

平たいコック帽が人気

フランス料理、トルコ料理と合わせ、『世界三大料理』と呼ばれる中国料理。強い火力で多彩な料理の数々を作っていく料理人たちが着ているのは、白いコックコート。中華コートとも呼ばれる白衣やシングルタイプのコックシャツを着る人も。頭頂部が平らで特徴的な中華コック帽も多く着用されている。

Trivia

中国料理は、食材や味つけに地域差があり、日本においては、北方系の北京料理、西方系の四川料理、南方系の広東料理、東方系の上海料理など、地域ごとに大きく4分類されている。

Zoom up

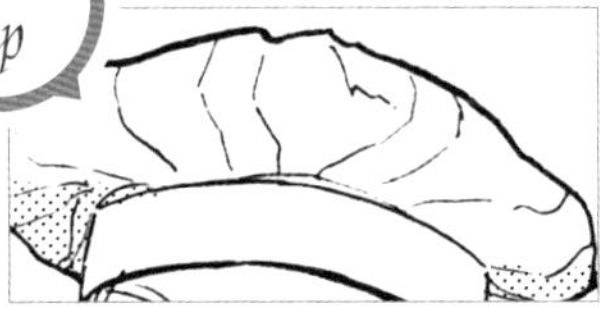

頭頂部が平たい独特の形をした帽子。この形限定というわけではなく、山高帽のような形のものを好んでかぶる人など、個々の好みで着用。

Waiter

カフェ店員
pattern.1

帽子

髪の毛の落下防止などを目的にかぶる帽子。ハンチング、ベレー帽など形は様々。おしゃれ重視で決められることが多い。

タブリエ

ショートタイプのタブリエ。動きやすく、爽やかな印象。

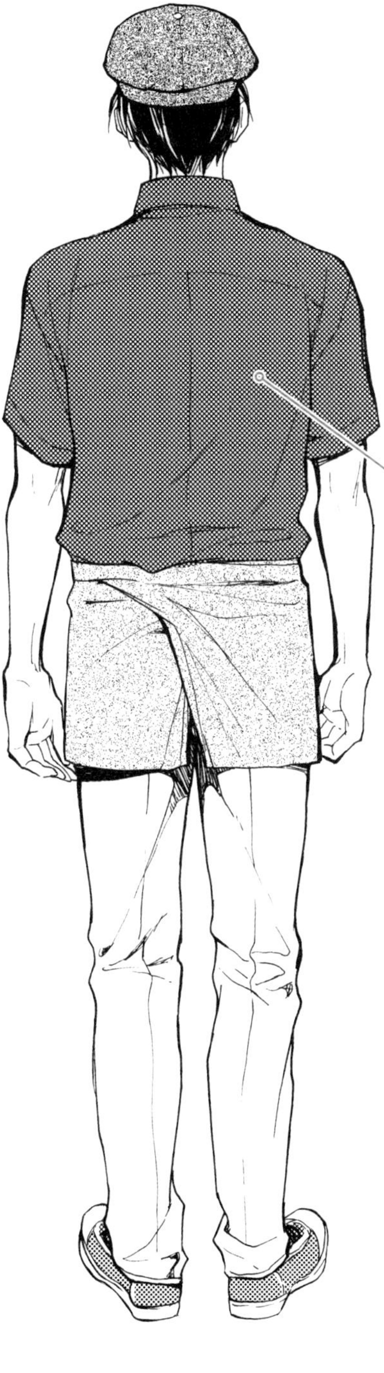

制服も集客要素のひとつ

若者や女性に人気のカフェ。盛り付けがおしゃれなワンプレートの料理やその店ならではのデザートなどフードも人気だが、そこで働くスタッフのユニフォーム姿も目を引いている。基本はシャツにタブリエ、キャップなど。制服には、いろいろなパターンがあるが、華美な装飾はなく、シンプルだが、清潔感あふれる爽やかな印象のものが多い。

シャツ

開襟シャツやスタンドカラーのものなど。白が主流だが、黒や紺、アースカラーのものなど色シャツも。

Zoom up

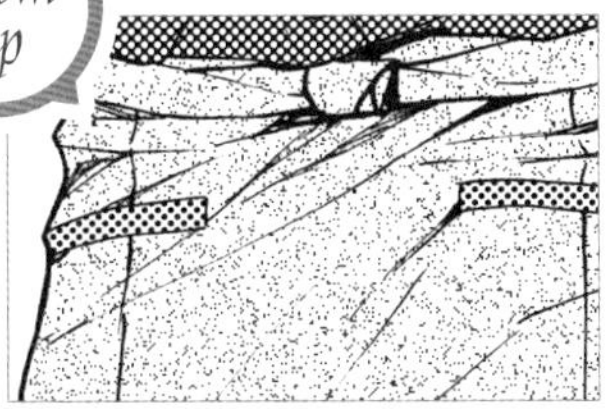

ショート丈のタブリエも人気。丈が短い分、広範囲をカバーすることはできないが、動きやすいのが利点。テーブルについた汚れや水滴などが移るのは腰回りの高さ付近が多く、ショート丈でも十分機能は果たすのだとか。

Waiter

カフェ店員
pattern.2

エプロン

胸当てまであるエプロン（ビブ・エプロン）は、よりカジュアルな雰囲気のカフェで活用されており、無地で落ち着いた色合いのものが多い。汚れがつきにくく、洗濯しても色落ちしにくいものが人気。

シャツ

一般的なレギュラーカラーのシャツのほかに、首元がすっきりして見えるスタンドカラーのシャツなど。黒、白色が多く、七分袖も人気が高い。

Zoom up

かぶっている帽子も基本無地。カジュアルなお店ではワークキャップやハンチングなどが多い。ちなみに、ワークキャップは別名ドゴールキャップともいうのだが、これはフランスのシャルル・ド・ゴール大統領が愛用していたからなんだとか。

Waiter

ギャルソン
pattern.1

タブリエ

腰から下をカバーするロング丈のタブリエ。“ギャルソン”と聞いてイメージされるアイテムのひとつ。

ロングタブリエが定番

ギャルソンは、飲食店で給仕を担当する男性スタッフのこと。ウェイター。主にフランス料理のレストランで給仕をする人の総称。現在フランスではギャルソンという言い方はほとんど使われていないが、日本ではウェイターの別称として広まっている。白シャツに黒のベスト、ロングタブリエが定番。

ベスト

ベストは黒色が主流。バックレスなカマーベストを着用する人も多い。

Trivia

日本と違い、海外のウェイター(ギャルソン)は基本、担当テーブルが決まっており、テーブルへの案内にはじまり、接客、給仕、精算までウェイターが担当する。自分の担当以外のウェイターに声をかけても対応してくれない。以前は、ウェイターの給与は、担当テーブルの飲食代の規定パーセントとチップのみの歩合制だったが、現在は歩合制を採用しているところはほとんどないそう。

Zoom up

プレーンなネクタイか蝶ネクタイ。どちらも色はやはり黒。フォーマルな印象を醸し出すことが重要。

Waiter

ギャルソン
pattern.2

シャツ

清潔さを重んじた白シャツ。カジュアルさを出しつつも品のよいボタンダウンシャツをさらっと爽やかに着こなす。

タブリエ

欠かせないタブリエ。シワが寄りにくい素材のものが多い。サイドに柄が入っているものなども流通しているが、単色、無地が人気。

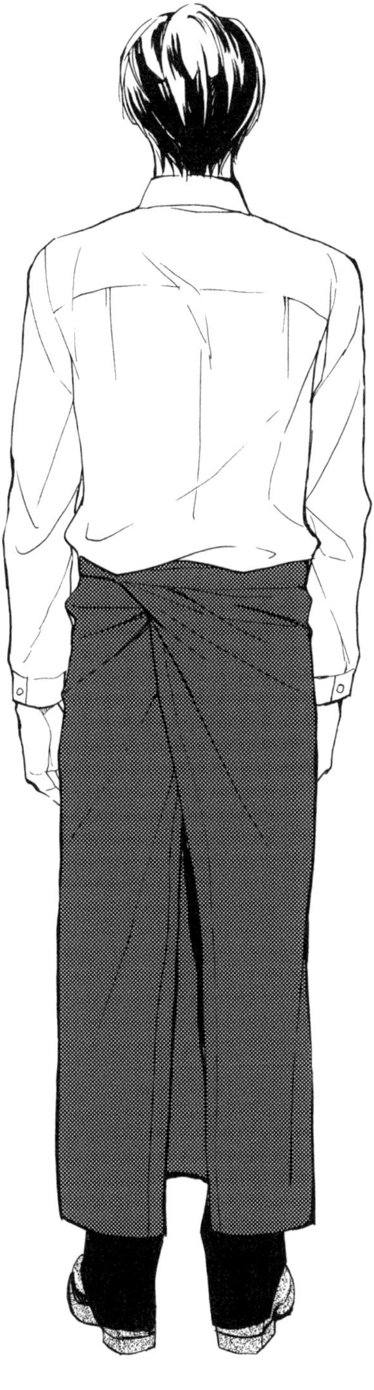

Trivia

フランス料理のレストランでは、責任者であるディレクトール、フロアマネージメントを担当するメートル・ド・テル、給仕主任のシェフ・ド・ラン、シェフ・ド・ランのサポートをするコミ・ド・ランなどのサービススタッフがいるが、ギャルソン(ウェイター)は、給仕スタッフの総称として使われることが多い。

Zoom up

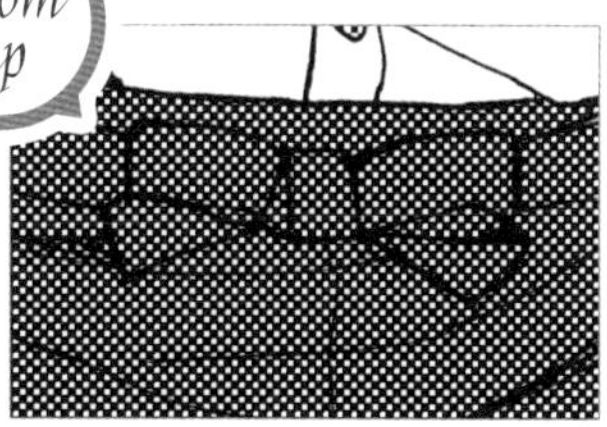

主流は一文字結び。結び目の上に、折りたたんだ紐の端にもう片方の紐を巻きつけたものを固定している。紐の端が表に出ず、解けにくい。

バーテンダー

ベスト

ベストは、ウェストコート、ジレとも呼ばれる。作業のしやすさや、フォーマル過ぎないことから、ジャケットを着ずにベストをユニフォームとするバーテンダーが多い。

パンツ

黒のズボンが主流。バーカウンター越しには、下衣が見えることはあまりないが、身だしなみはしっかりと。

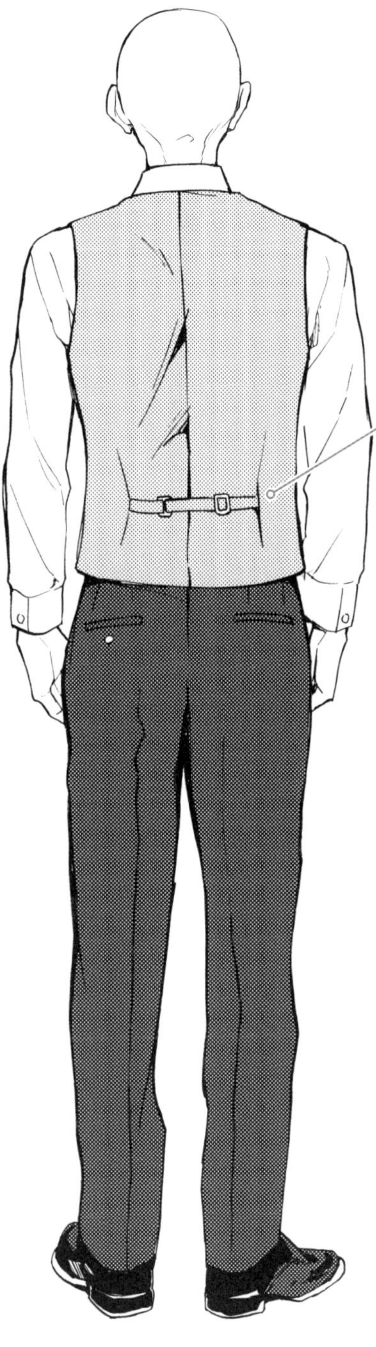

カウンター越しにおもてなし

バーを訪れた客をもてなしてくれるバーテンダー。名称の由来として、一説には『bar』（酒場）と『tender』（世話人）からの造語で、19世紀のアメリカで生まれた言葉だといわれている。白シャツ、黒の蝶ネクタイまたはネクタイ、ベストまたはジャケットというのがバーテンダーの定番スタイル。

ベスト

バックレスなカマーベストを愛用する人も。カマーベストは、もとは盛夏用の新型ベストとして登場したもので、ダンスのしやすさから若者たちに人気だったが、のちにフォーマルの世界でも礼装として浸透していった。

Trivia

バーコートと呼ばれるバーテンダー専用の正装服は、一見、かっちりとした白のジャケットだが、裏地やパットがなく、お酒を作ったり、ちょっとしたつまみを用意したりといった作業がしやすくなっている。いわば白いコックコートに準じた"作業服"なんだとか。

Zoom up

黒蝶ネクタイは、言わずとしれたタキシードでの正礼装に欠かせないアイテムだが、バーテンダーやギャルソンなどサービス業に従事する人たちも客に対しての礼を表すものとして身につけていることが多い。

ホスト

ジャケット

全体的に細身のシルエット。光沢感のあるものを好む人も多いが、黒系でシックにキメる人も。店によってはスーツを無料レンタルできるが、客からプレゼントされることもある。

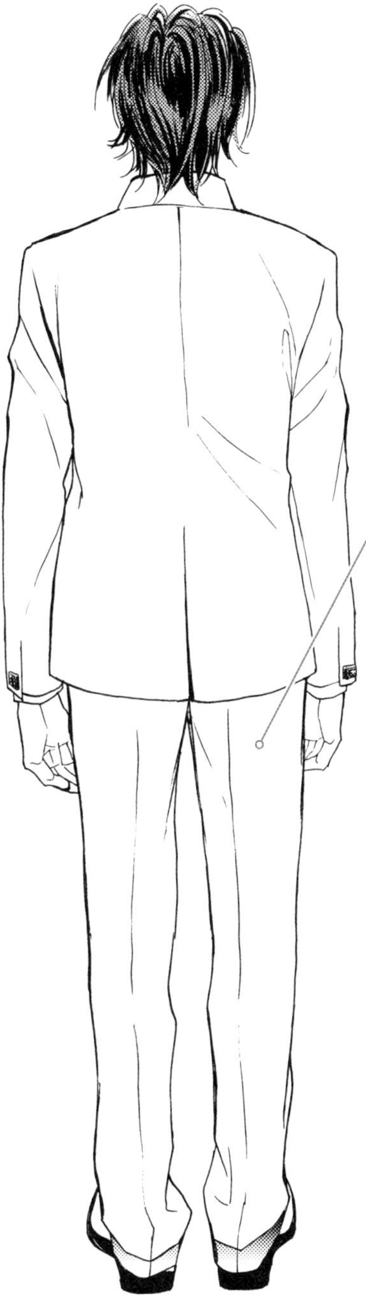

細めのスーツで夜の街を闊歩

女性客を接待するホストクラブで働くホストたち。小説やマンガ、ドラマなどにもたびたび登場する彼らの定番ファッションは、スーツ。モード系のスーツに派手めのアクセサリーの組み合わせで、細身な人に似合うデザインが多い。

ズボン

カジュアルファッションを取り入れて、ダメージジーンズを合わせたりするようなことも。

足元は革靴が基本。ホストといえば、先が尖った靴を履いているイメージが根強くあるので、細身のスーツ＆先の尖った靴の組み合わせで“ホストっぽさ”を出せる。

内科医(白衣)

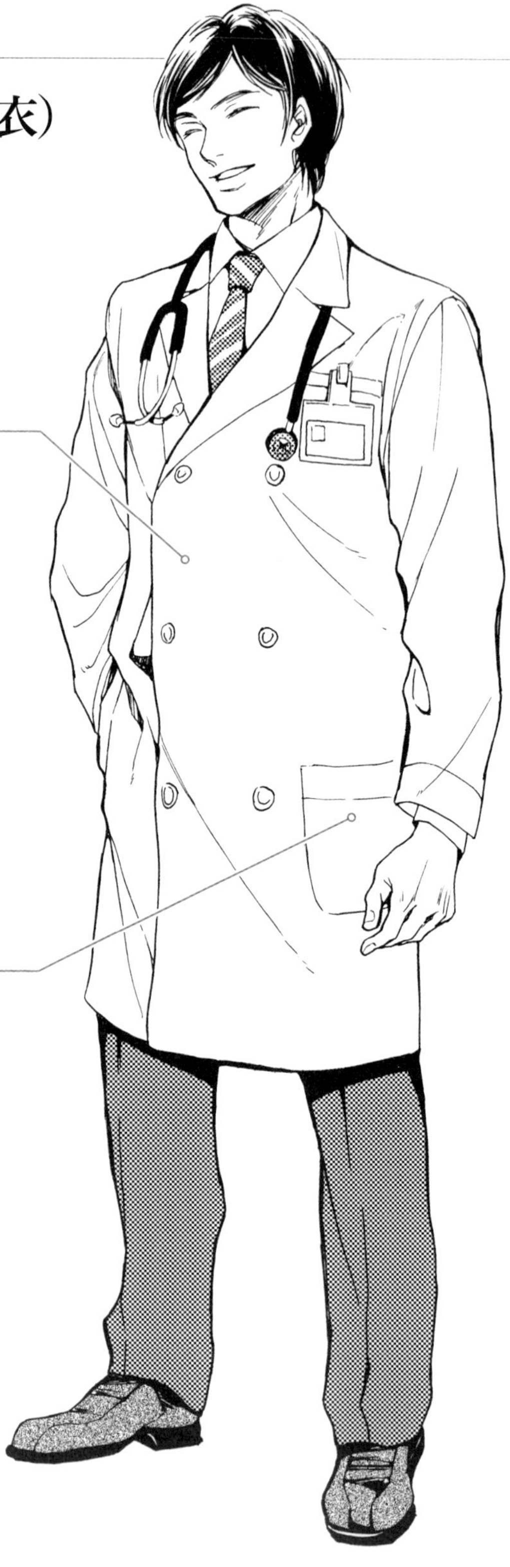

白衣

オーソドックスなドクターコートを着用する場合は、ネクタイ、シャツの組み合わせがしっくりとくる。

ポケット

ペンポケットは定番。そのほか、ポケットの中にPHS用のポケットがついた白衣などもある。

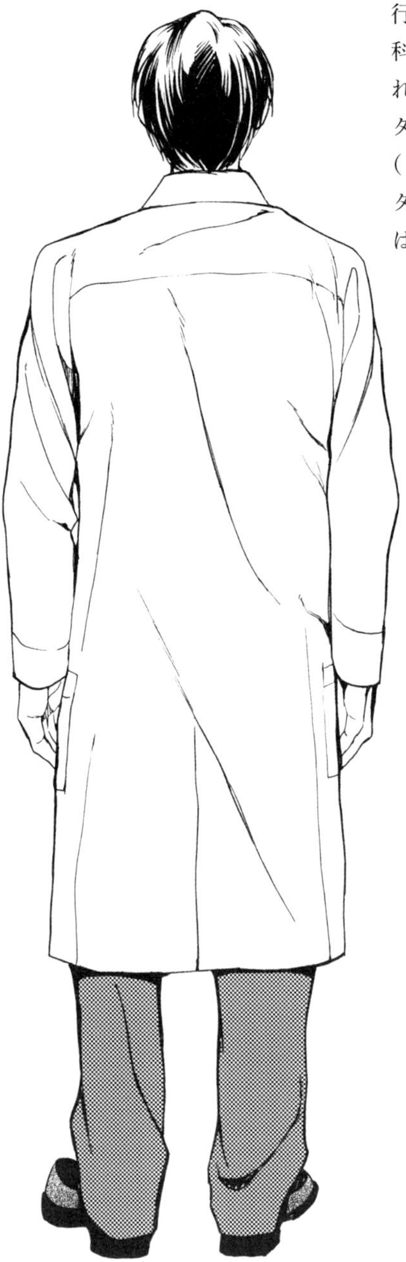

医者のトレードマーク

風邪や、そのほか体の不調を感じて病院へ行ったときに、まず診察してくれるのが内科医。ちょっとしたケガなども治療してくれる、初診患者が頼れる存在である。ネクタイをしたシャツの上から丈が長めの白衣(ドクターコート)を着ている医師もいれば、タートルネックで丈の短い、ケーシーと呼ばれる白衣を着る医師もいる。

Trivia

一口に医療用白衣といっても、様々なブランドがあり、デザインや素材、機能性に違いがある。専用の通販サイトなどがあるほか、現役医師が立ち上げた白衣専門店なども存在。

Zoom up

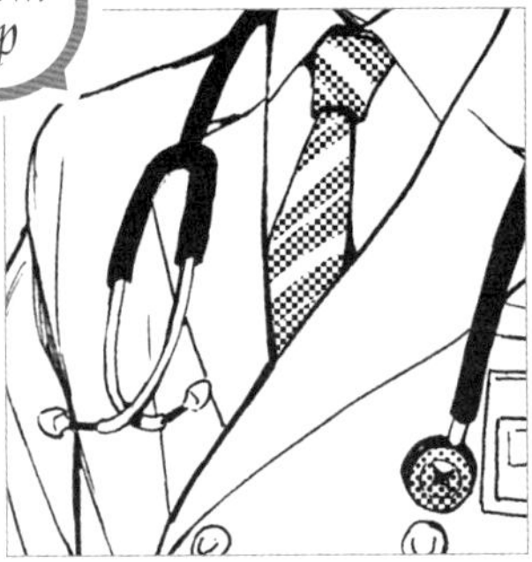

内科医の必需品のひとつである聴診器。使用していないときは首にかけ、すぐに次の患者を診察できるように。

Medical

外科医（手術衣）

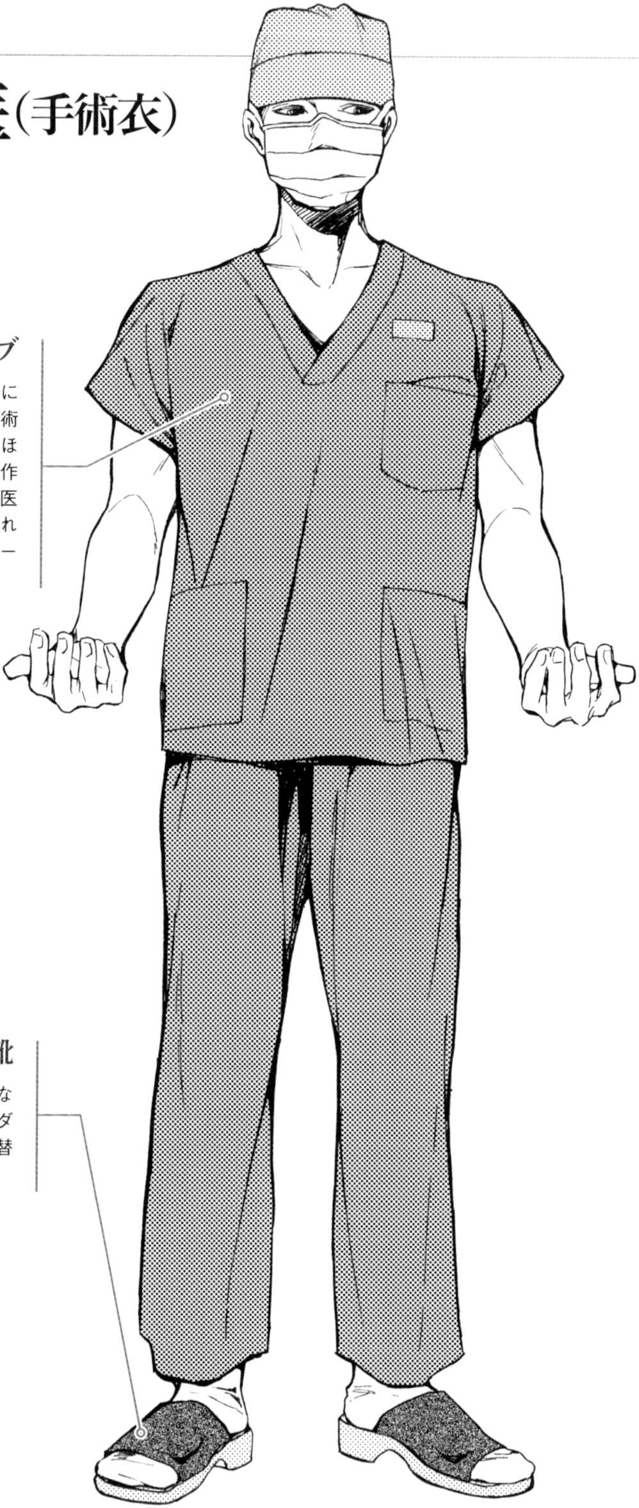

スクラブ

半袖で首元がVネックになっているスクラブ。手術衣として多く使用されるほか、着脱が容易で丈夫な作りであることなどから、医師や看護師に多く利用されている。カラーバリエーションが多いのも特徴。

靴

手術室内では、服だけでなく、靴も洗浄済みのサンダルなど専用のものに履き替える。

色はほぼ青か緑

主に投薬治療などで体を治療する内科に対し、病変部を手術などで取り除くことで治療する外科。外科医が手術を行う際には、手術衣を着用する。スクラブと呼ばれるVネックの上衣に、下は手術用のズボンで、ウエストがゴム仕様になっていたり、ヒモで絞る形になっているものが多い。帽子も着用。

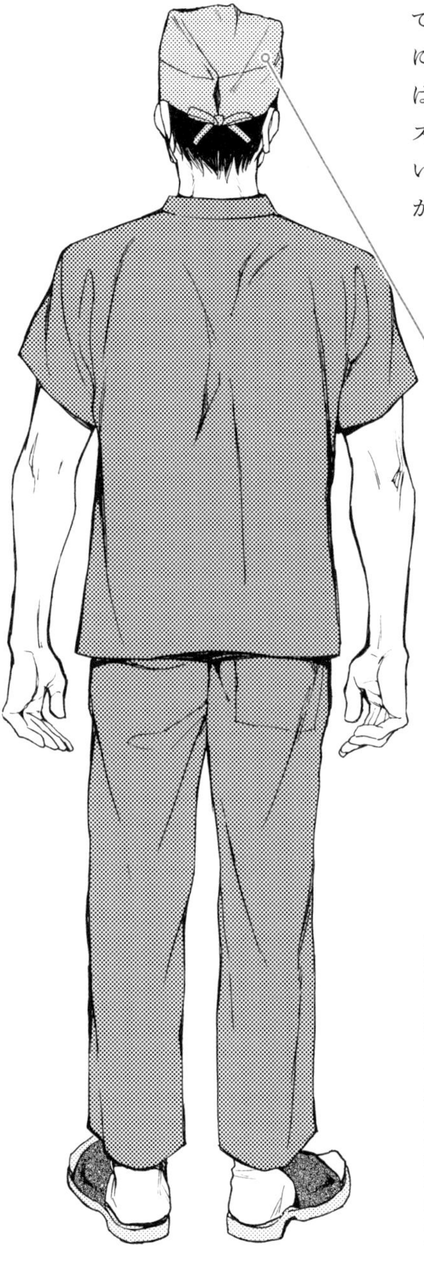

帽子

頭髪をすべて覆うようにかぶる。その上からフードをかぶることも。帽子の後ろはゴム状、もしくは紐で結んで固定。

Trivia

手術衣の色は、ほぼ青か緑色だが、これには理由がある。手術の際、医師は血液や肉体内部などの『赤い色』を長時間見続けるため、赤に対しての反応が鈍くなる。この状態で白いものを見た際、色残像が起こり、赤の補色である青や緑のシミのようなものが見えてしまう。そのため、手術衣や患者にかける布、手術室の壁などを緑や青色にしておき、色残像で浮かびあがったシミが気にならないようにしているのだ。

Medical

看護師(ケーシー)

襟

高さのない立ち襟で首元はすっきり。

靴

院内を歩き回るため、疲れにくいものが好まれる。

動きやすさが魅力

1960年代に日本でも放送されたアメリカの医療ドラマ『ベン・ケーシー』で、主人公の医師ベン・ケーシーが着ていたセパレート型の診療衣をケーシー型白衣、通称ケーシーというようになった。短めの立ち襟と、半袖で丈が短いのが特徴で、動きやすいことから看護師や外科医が多く着用している。そもそもの起源は、中世の理容師が着ていた服。

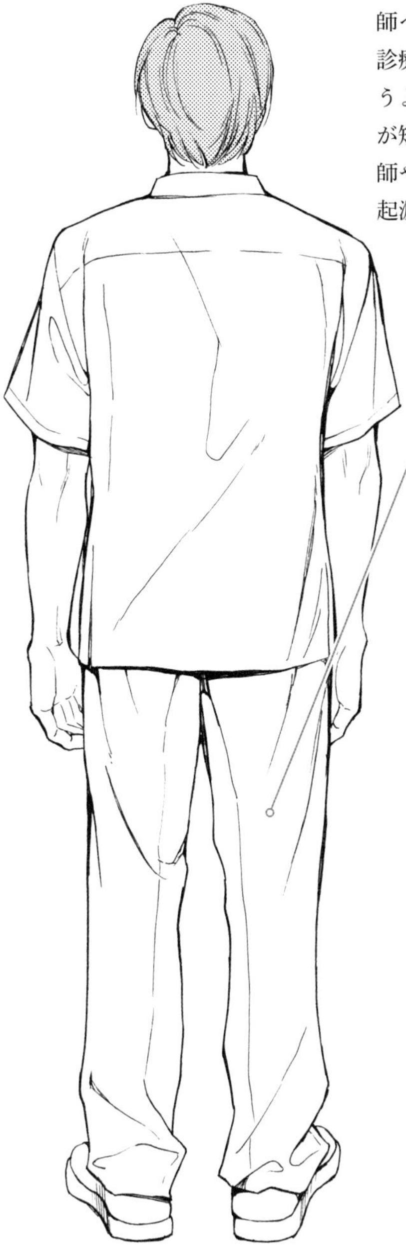

ズボン

基本、上衣と同じ色・素材のものを着用。セパレート型なので違う色と組み合わせても着られる。

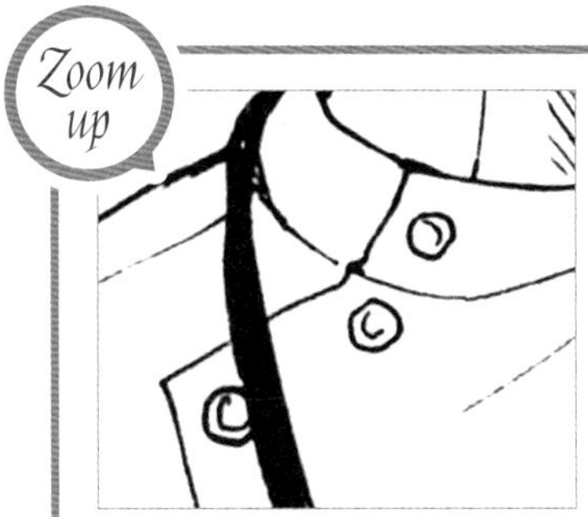

ケーシー型白衣は、基本、横掛けで前合わせが体の中心にこないのが特徴のひとつ。センタータイプのものも増えてきてはいるが、やはりケーシーといえば横掛けという印象が強い。

サッカー

襟

襟元はVネックやラウンドネック、襟付きVネックなどがある。

袖

競技規則で「袖のあるジャージまたはシャツ」と定められているため、ノースリーブはダメ。ゴールキーパーは腕を保護するため長袖を着用することが多く、手には衝撃吸収剤の入ったグローブをはめる。

ストッキング

すねを保護するため、内側にすね当てがついたストッキング。

靴

スタッド(滑り止め)付きのサッカースパイク。

レプリカユニフォームも人気

サッカーが競技として確立したのは、ロンドンにフットボール協会が設立された1863年。以来、様々な変遷を経てきたユニフォームだが、現在は競技規則で「袖のあるジャージまたはシャツ・ショーツ・ストッキング・すね当て・靴」を基本的な用具とし、「それぞれに個別のもの」(つまりワンピースはNG)と定められている。

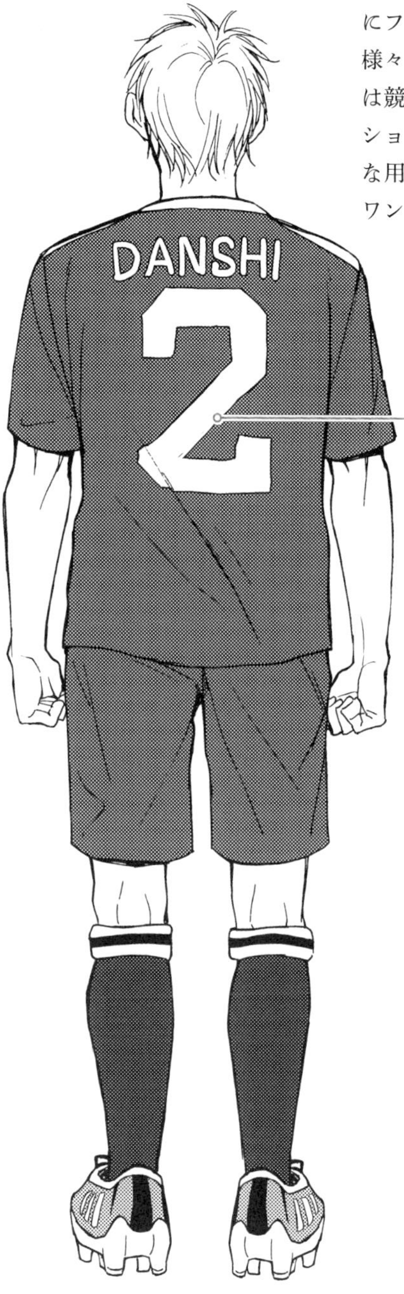

背番号

選手番号を入れる場所は、シャツの背中とシャツの前面(左・右・中央のいずれか)、ショーツは前面の左右どちらか。番号は1から99(登録選手が100名以上なら100番以降もOK)で、0は認められていない。エース選手は10番をつけることが多い。

ユニフォームには必ずチーム名と選手番号を入れなければならない。通常チームエンブレムはシャツの左胸につけ、エンブレム以外でチーム名を表示する場合は、シャツ前面もしくは左胸に。ショーツやストッキングにもエンブレムを入れてOK。

野球

キャップ・ヘルメット

守備ではキャップ、攻撃のときにはヘルメットをかぶる。ベースボールキャップはファッションアイテムとしても人気。

アンダーシャツ

ユニフォームの下に着るアンダーシャツは、半袖でも長袖でも構わない。

裾

上着の裾はパンツに入れ、ベルトでしっかり締める。

ユニフォームの色

黒、青、赤など、ユニフォームの差し色は様々だが、ベースカラーはやはり白が圧倒的に多い。

靴

ゴルフや陸上競技用のシューズのような先の尖ったスパイクシューズは禁止。

コーチや監督も同意匠

世界で初めてプロ野球球団が誕生したのは、19世紀アメリカでのこと。ユニフォームの起源については作業服や軍服など諸説あるが、サッカーをはじめ、ほかのメジャースポーツにはない重ね着スタイルは実に特徴的。選手だけでなく、コーチや監督も同色・同形のユニフォームとキャップをかぶるのも野球ならではのもの。

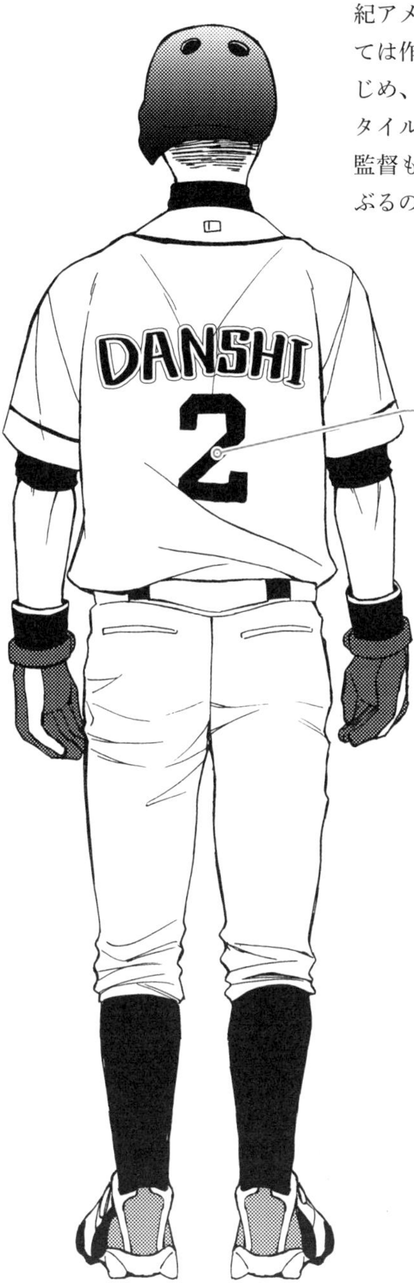

背番号

高校野球の場合、投手＝1番、捕手＝2番など、レギュラー選手の背番号はポジションによって決まっているが、プロ野球は基本的に個人の自由。ただし日本では、18番はエースナンバーといわれることが多い。

野球のユニフォームといえば見逃せないのが足元のストッキング。アンダーストッキングの上にアーチ型のストッキングを履くのだが、アーチの型やストッキングの長さには流行があり、時代によって異なるのもポイント。また、プロ野球ではストッキングを見せないロングパンツの選手が増えているが、日本の学生野球・社会人野球はロングパンツはNG。

Athlete

バスケットボール

シャツ

袖の長さに規定はない。現在主流のノースリーブシャツが広がりはじめたのは90年代に入ってから。それ以前はピタッとした半袖シャツが多かった。

パンツ

かつては短パンだったが、90年代からはダボッとした膝丈のパンツに。色は必ずしもシャツと同色でなくてもいいが、シャツ、パンツとも、前と後ろの色は同じでなければならない。

靴

滑りにくくクッション性に優れたバスケットシューズ。スタープレイヤーのオリジナルモデルは市販されており、バスケットボールをプレイしない人たちの間でも人気。

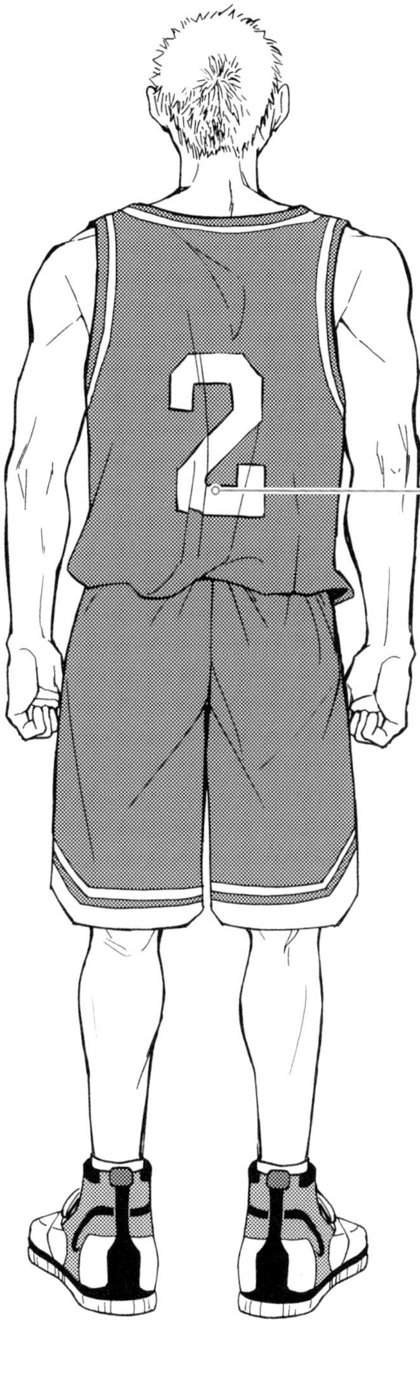

流行の発信地はアメリカ

1891年、ひとりの大学講師によって考案されたバスケットボール。その発祥の地であるアメリカは、プレイスタイルだけでなくユニフォームの流行も発信してきた。なかでもNBAの元スター選手マイケル・ジョーダンの影響力は絶大で、ゆったりしたシャツと膝丈のパンツという現在のスタイルは、彼が生み出したといわれる。

背番号

シャツの前と背中の見えやすい位置に選手番号を入れなければならない。大学生やプロは一桁、または二桁の番号を自由につけられるが、小中学校や高校では、原則として4番から15番を使用。多くの場合、4番はキャプテンがつけている。

規定ではバスケットボールのユニフォームはシャツとパンツのみだが、アンダーウェアやスパッツの着用も可能。機能性だけでなくファッション性から、ヘアバンドやリストバンド、サポーターといった小物類をつける選手も多い。

Athlete

バレーボール

色・袖

チームユニフォームは上下で1セット、カラーの異なる2種類まで。リベロ以外のプレイヤーはユニフォームを統一しなければならないが、半袖、長袖、ノースリーブの混在はOK。

番号

競技者番号は9人制の場合、原則として1番から18番までを使用。キャプテンは胸のナンバーの下にマーク（横棒）を入れなければならない。

靴下

色、長さともに統一。丈は短めが多い。

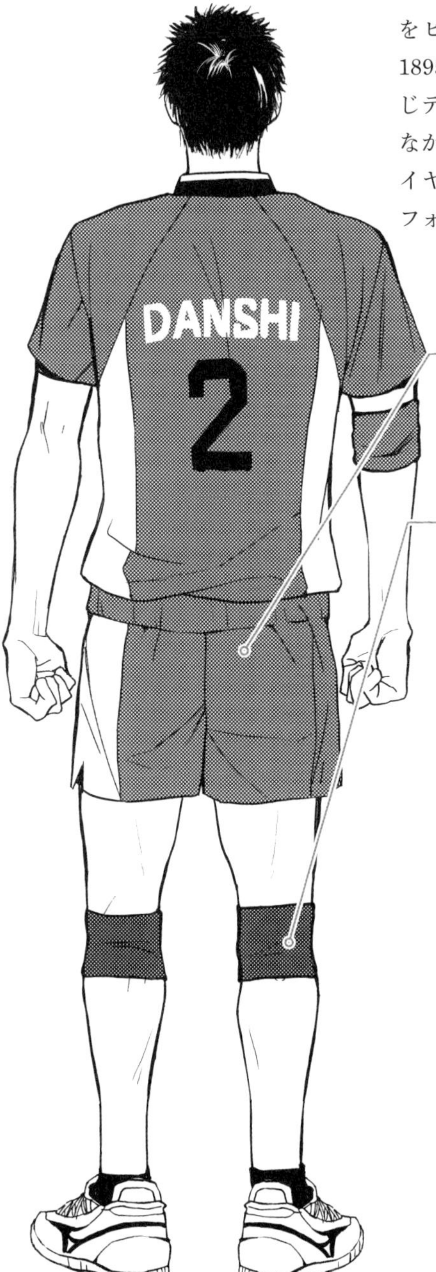

体にフィットしたユニフォーム

バスケットボールより運動量を控え、テニスをヒントに誰でも楽しめるスポーツとして1895年に誕生した。チームメンバー全員が同じデザインのユニフォームを着る競技が多いなか、バレーボールのリベロ(守備専門のプレイヤー)はチームメイトと対照的な色のユニフォームを着ることが義務付けられている。

パンツ

ユニフォームは上下とも体にフィットしたタイプ。ズボン丈はバスケットボールなどに比べて短めだが、アンダーウェアはユニフォームの裾や袖、首まわりからはみ出てはいけない。

サポーター

肘や膝のサポーターはややゴツいのが特徴。

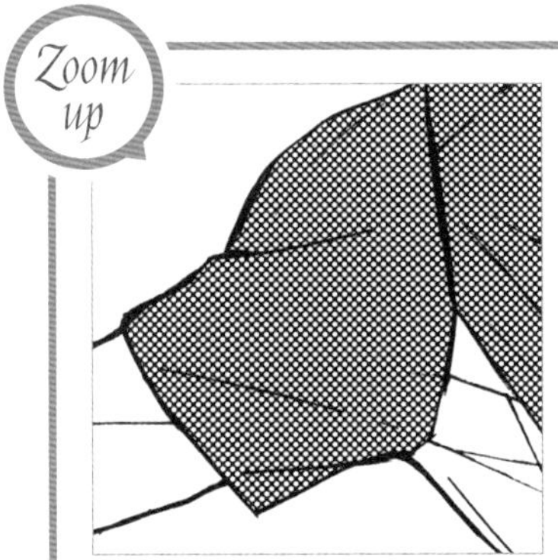

配色やデザインが統一されていれば、袖の長さは不揃いでも許容されるバレーボール。とはいえ、やはり時代によって傾向はあるもの。80年代までは長袖、1990～2000年代は半袖、2010年前後にノースリーブが主流になった時期もあったが、最近はまた半袖に戻っている。

テニス

シャツ

上は襟付き半袖のポロシャツタイプが主流。最近は比較的スリムで丈も長くないため、シャツをパンツにインせずプレイする場合が多い。

パンツ

膝が隠れない長さのゆったりしたパンツ。

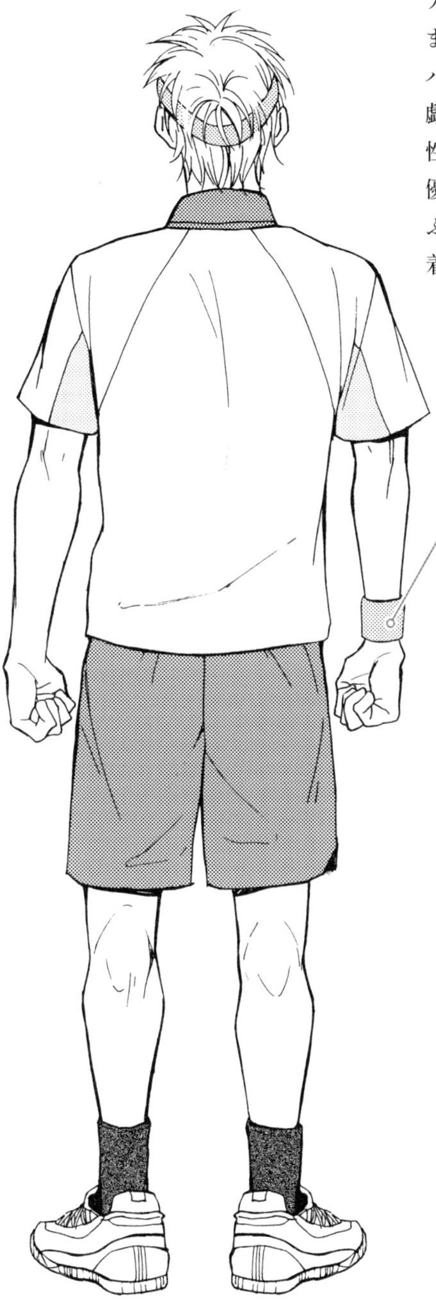

初期は機能性より見た目重視

テニスは8世紀頃に祖先に当たる球技が生まれ、18世紀から19世紀にかけてヨーロッパで大流行した。もともとは貴族階級の遊戯として広まったため、男性はスーツ、女性は丈の長いスカートにコルセットという優雅な装いだった。現在は「清潔でプレーにふさわしいと認められた」テニスウェアの着用が定められている。

リストバンド

腕から伝ってきた汗で手が滑らないよう、ラケットを持つ利き手の手首にはリストバンドを着用。

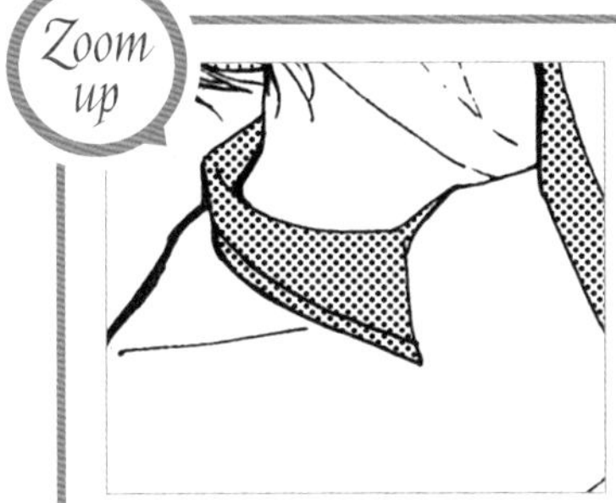

ジュニアとシニアの規定の差だけでなく、トーナメントによってはテニスウェアの形や色を規制。ウィンブルドン選手権の白を基調としたウェアとシューズの着用は、女子シングル初代優勝者が白で揃えたウェアを着ていたことに由来する。

柔道

上衣

着物と同じく右前合わせ（右襟を下に、左襟を上に）で着用するのが一般的。

帯

帯の先が横に出るよう、へその位置でかた結び。試合中に帯がゆるみ柔道衣がひどくはだけたときは、審判の指示に従って結び直す。

下穿き

下穿きの丈はくるぶしより上(5センチ以内)。規定ではないものの、競技ができた当初の「道着＝下着」という考え方から、男子選手のなかには下着をはかずに柔道衣を着ている人もいる。

足元

足ははだし。

黒帯は有段者の象徴

古武道の柔術を発展させて生まれた柔道は、日本発祥の格闘技で第二次世界大戦以降、世界へ広く普及した。ほかの競技用ユニフォームに比べ、柔道衣は耐久性を重視して作られているところが特徴的。かつては柔道衣といえば白のみだったが、見分けやすいとの理由で、1997年から国際大会では青い柔道衣も使われるようになった。

裾

上衣の裾はお尻を覆う程度。左右の脇には1本ずつスリットが入っており、シルエットは全体的にゆったりめ(寸胴型)。

柔道衣の帯は段位によって色が異なるのはよく知られているところ。正式には、初段から5段=黒、6段から8段=紅白のだんだら、9段以上は紅色とされているが、6段以上でも黒帯を用いることはできる。ちなみに段外者は基本的に白、成年者の1級から3級=茶褐色、少年者の1級から3級=紫色との規定もある。

剣道

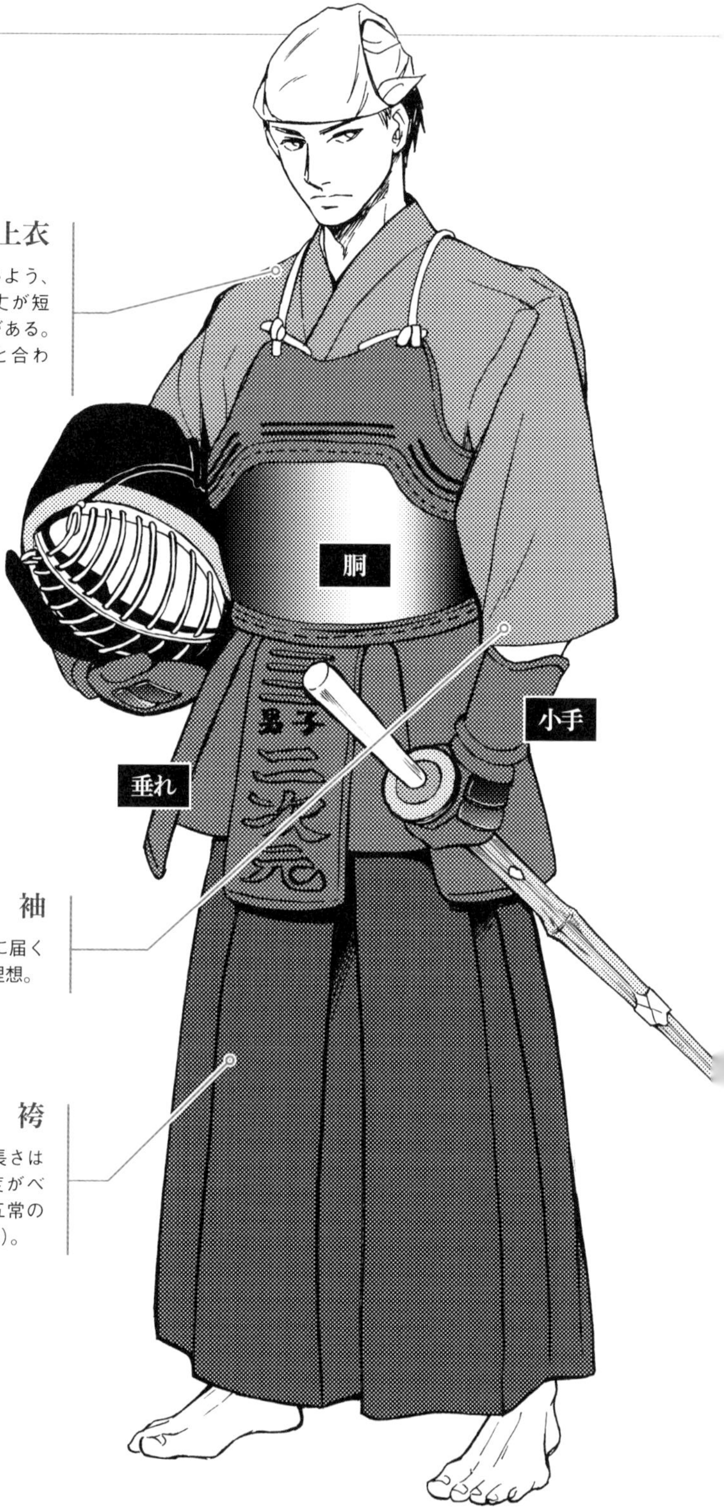

上衣

剣道衣は足捌きがいいよう、普通の着物と違って丈が短く、色は白、黒、藍染がある。胸元を右前できちっと合わせるのがポイント。

袖

袖の長さは小手の布団に届く寸前、肘を隠す程度が理想。

袴

袴は腰骨の上で穿き、長さはくるぶしが隠れる程度がベスト。前布には「五倫五常の道」を訓す5本の襞（ひだ）。

袴の襞に儒教の教え

古武道の剣術を起源に発展した剣道は、剣道衣と剣道袴(乗馬袴)のほか、剣道具(面、小手、胴、垂れ)を身につける。袴の前の5本の襞は、儒教の教えである「五倫五常の道を訓したもの」といわれ、「五倫」は「君臣の義・父子の親・夫婦の別・長幼の序・朋友の信」を、「五常」は「仁・義・礼・智・信」を指す。

袴

腰からの1本の襞は、「男子として二心のない誠の道」を示す。

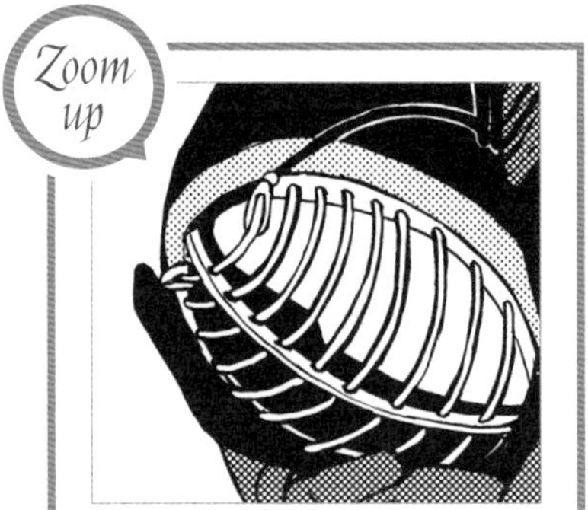

防具をつける順番は、垂れ⇒胴⇒手ぬぐい⇒面⇒小手。脱ぐときはその逆で、遠征の際などはこれらを防具袋に入れて持ち運ぶ。防具袋は昔ながらの巾着型をはじめ、ボストンバッグやリュック、キャリータイプなどがあり、素材も様々。

Athlete

弓道

上衣

全日本弓道連盟の競技規則が適用される大会などの場合、弓道衣の色は白が原則だが、それ以外の場であれば黒や紺、グレーといった道衣でも問題ない。

手袋

弓を引く手には「ゆがけ」と呼ばれる鹿の革の手袋を着用。ただし、弓射以外の作業をするときは外さなければいけない。

袴

袴紐は「結びきり」(駒結び)でしっかり結ぶ。

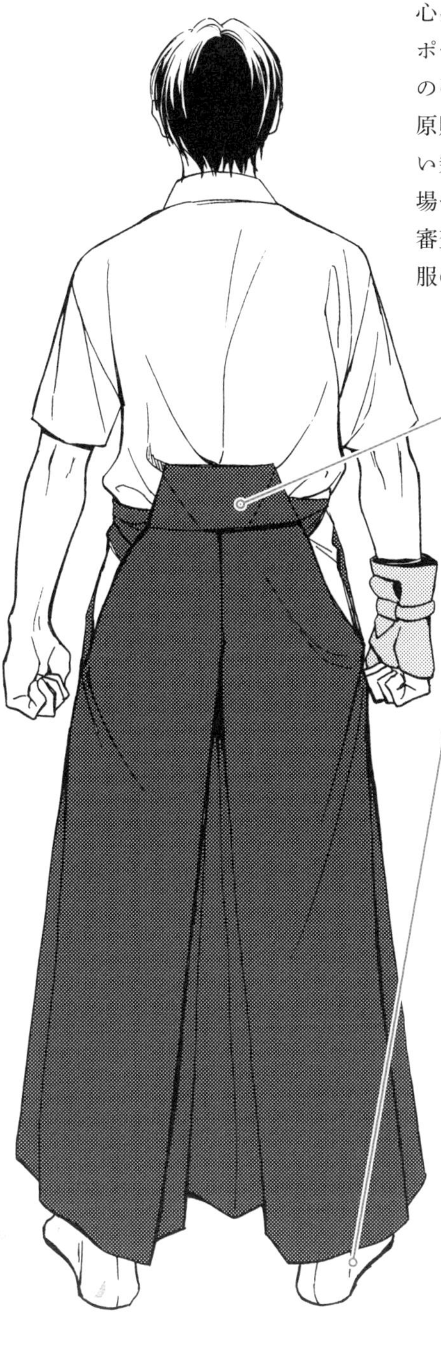

場面に応じて和服を着用

心身を鍛錬する武道であると同時にスポーツ性を持つ弓道は、1920年、古武道の弓術を元に日本で創始された。服装は原則として袂のない白筒袖の弓道衣と黒い乗馬袴だが、奉納射会などの改まった場や5段以上（地域によっては4段以上）の審査を受けるときは、弓道衣ではなく和服の着用が義務付けられている。

袴

袴の後布の上部にある腰板。ちなみに女性は腰板のない袴が一般的。

足袋

足元は4枚こはぜ（留め具）の白足袋が一般的。

Zoom up

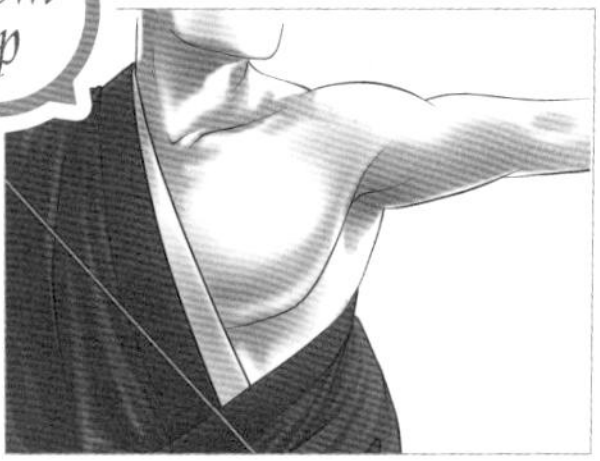

高段位や称号を持つ男性が和服で行射するときは、弦が袖を払わないよう左袖を抜き、肩を出して弓を射る。これを「肌脱ぎ」といい、女性の場合は代わりにたすき掛けをする。

モータースポーツ(F1)

ヘルメット

デザイン、カラーリングともドライバーごとに異なるヘルメット。かぶる前にフェイスマスクを着用。

ワッペン

胸や肩、背中などにはスポンサーロゴの刺繍またはワッペン。

レーシングスーツ

耐火性を重視したF1ドライバーのレーシングスーツ(レーシングオーバーオール)は、特殊合成繊維ノーメックス製。このスーツを着用すると、850℃の中でも35秒間生存することができるとか。

グローブ

ノーメックス製のレーシンググローブは、マシンのカラーリングと対照的な色にすることが義務付けられている。

命を守るハイテクスーツ

モータースポーツといえば、自動車レースの最高峰フォーミュラ1(F1)がもっとも有名。国際自動車連盟(FIA)のトップライセンス「スーパーライセンス」を発給されたF1ドライバーたちは、安全性を確保するため、マシン同様、超がつくハイテク素材で作られたレーシングスーツに身を包む。

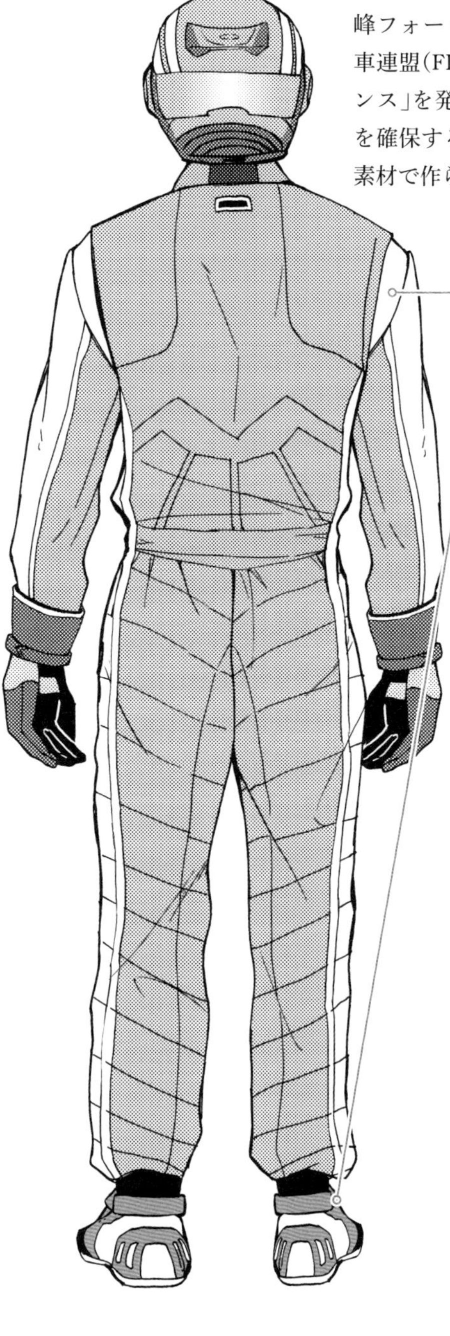

フラップ

事故の際などにドライバーをマシンから引っ張り出せるよう、肩口や腰にフラップがついている。

靴

ペダルを繊細にコントロールできるよう、靴底が薄いレーシングシューズ。こちらもノーメックス製。

Zoom up

近年四輪モータースポーツの世界で広がっている、ドライバーの首を守る救命デバイスHANS(ハンズ＝Head and Neck Support)。ヘルメットと首のサポーターをストラップでつなぎ、肩から胸まで伸びているサポーターの部分をシートベルトで上から押さえつけることで位置を固定するもの。F1では2003年から装着が義務付けられている。

騎手（日本中央競馬会）

帽子

スタート時、出走馬は色分けされた8つの枠に入り、騎手は騎乗馬の枠と同じ色の帽子をかぶる。

ゴーグル

悪天候のときは何枚か重ねて装着し、レース中に泥などがはねて視界が悪くなったら、上から1枚ずつ外す。

勝負服

レースの際に騎手が着用する勝負服は、競走馬を所有する馬主によって決まっている。馬主は13の標準色と、輪・一文字・山形といった規定の柄とを組み合わせて服色を決め、JRAに登録する。極彩色の大きな柄が多いのは、レースの折、遠くからでも各馬を識別できるようにするため。

アンダーシャツ

夏は風通しのよいメッシュ地、冬は防寒のためにハイネックのアンダーシャツを着用。

鞭

馬を制するために使うステッキ状の革の鞭。競走騎乗では、長さ77センチ未満を使用。

パンツ

ジョッキーパンツ。白無地。

靴

合成皮革製のブーツ。一般の乗馬ブーツに比べて非常に軽量。なかには鐙に当たる部分の革を二重にしたり、靴底を滑りにくくするなど、特注品を履く騎手も。

極彩色の勝負服

1540年、紳士貴族の嗜みとしてイギリスで生まれた近代競馬は、以来、世界各国で親しまれてきた。現在日本では地方公共団体などが施行する地方競馬と、日本中央競馬会(JRA)による中央競馬がある。騎手がレースで着る服を「勝負服」といい、地方競馬は騎手ごとに、JRAは馬主ごとに服色が定められている。

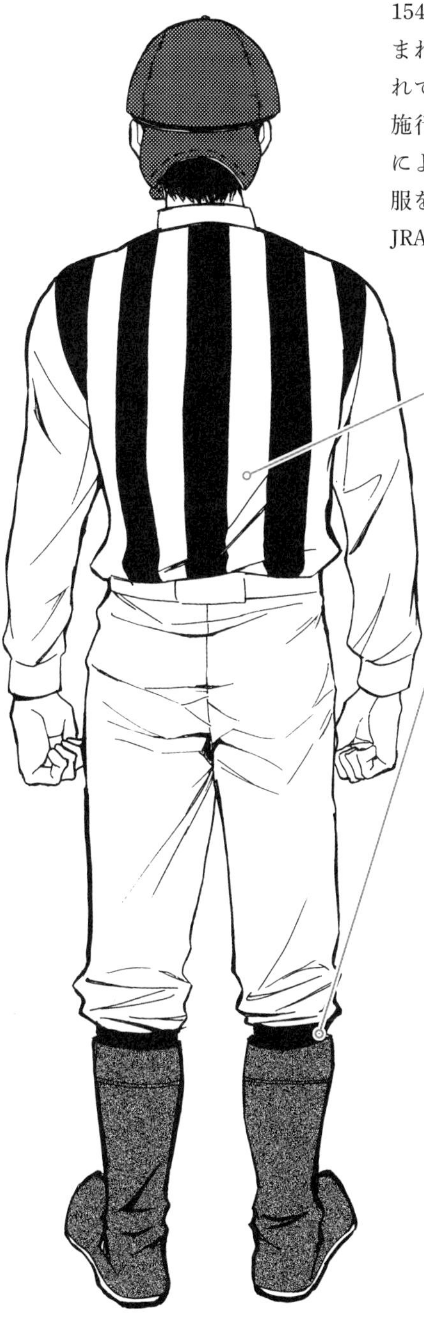

プロテクター

落馬時などに騎手の体を守るため、勝負服の下にベスト型のプロテクターをつける。

レギンス

ブーツの下に穿くレギンス(ふくらはぎにつけるスパッツのようなもの)の色は各騎手の自由。

勝負服には体にフィットするエアロタイプと、軽くフワッとしたサテンタイプがある。かつては光沢があって美しいサテンタイプが多かったが、現在は空気抵抗が少ないエアロタイプが主流。馬主ごとに異なる中央競馬の勝負服は、基本的に調教師が管理している。

学ラン(冬)

襟

学ランといえば、特徴的なのが詰襟。襟元から垂直に立ち、首の周囲を筒状に覆う形の襟で、襟の汚れを防ぎ、補強する役割を持ったカラーと呼ばれる替え襟をつけて着用することが多い。カラーは埋め込みタイプのものもある。

袖

袖用の金ボタンは複数ついていたり、ひとつもついていなかったり、学校によってまちまち。

靴

靴は主にローファー、スニーカーなど。汚れがち。

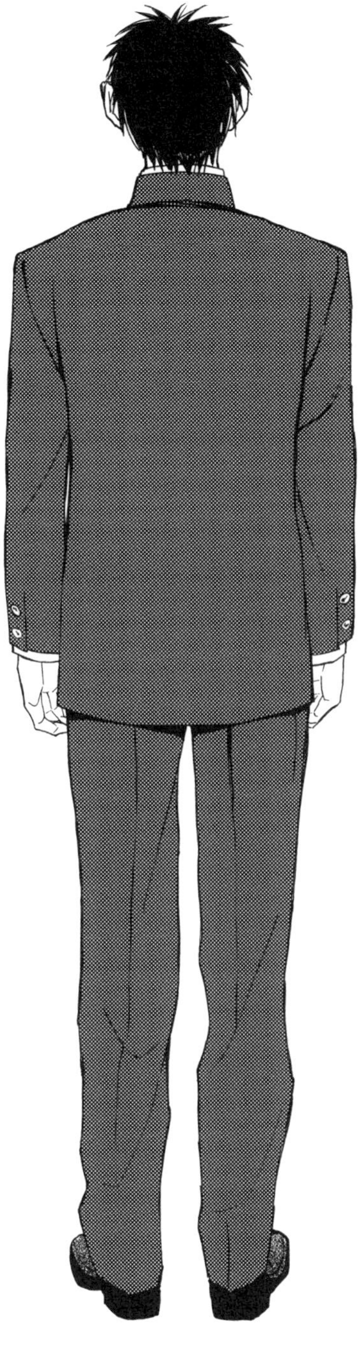

学生服といえば①

学生服の代名詞のひとつである学ランは、男子向けの上下共布で上衣が詰襟の学生服のことを指す。生地の色は、黒や濃紺で無地のものが多く、前合わせは金色の５つボタンが一般的だが、ホックやファスナーで留めるタイプもある。基本的には中高生向けの制服として導入されていることが多い。

Trivia

鎖国中の江戸時代、オランダを通じてもたらされた、舶来の織物・布製品のことを『オランダ』、略称『ランダ』と呼んでおり、のちに開国した明治の世で、学校制服に洋装を取り入れはじめた際、学生が着る西洋の服→『学生＋ランダ』から『学ラン』と呼ばれはじめた（諸説あり）。

Zoom up

前合わせをボタンで留めるタイプの場合、ボタンの数は一般的には5個だが、7個のものもある。ボタンの色は金が多く、校章がデザインされているものも少なくない。

学ラン(夏)

シャツ

シャツの下に白地など派手でない色のTシャツ、ランニングなど下着の着用を義務付けている学校もある。

靴

校内では上履き着用。汚れがち。

夏は白シャツ！

学ランの夏服は、主に上衣として白地の半袖カッターシャツ(学校によっては長袖を指定しているところも)、ズボンは薄手の生地で通気性に富んだ夏季用のものを着用している学校が多い。冬服では襟などにつけていた校章や組章は、フエルトの台地につけ、それをシャツの左胸につけるなど、夏服仕様に変更される。

Trivia

学ラン、といえば、ファッション性や個性を重視した『変形学生服』の存在も有名。標準型より着丈が短い短ランや、長い長ラン、ボンタンと呼ばれる太目の変形ズボンなどサイズに特徴があるもののほか、学ランの裏地がチャック式で取り替えられたり、隠しポケットがあるなどギミックがあるものもあり。

Zoom up

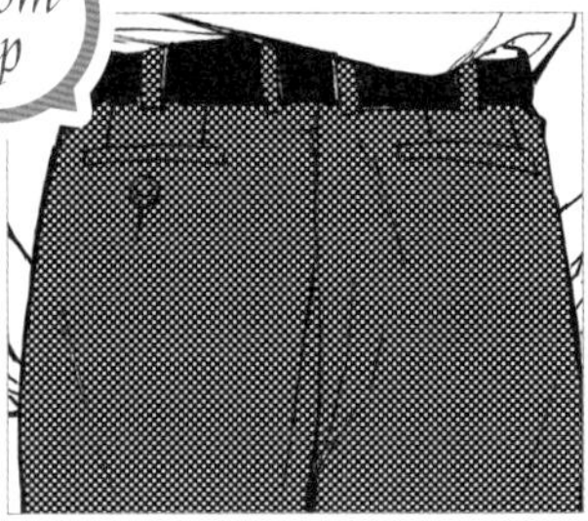

学ランを採用している学校の大多数は、日本被服工業組合連合会が定めた標準型学生服認定基準を満たしたと認証されている、標準型学生服を指定している。その規定により、ベルト通しのないものや後ろポケットが切ポケット以外のものは不可なので、そういうズボンを穿いている人がいたら、『変形学生服』着用の可能性が高い。

Student

ブレザー(冬)

襟

襟があるものが主流だが、ごく一部の学校では襟のないタイプのものを採用している。

シャツ

白や淡い青などのワイシャツを着用。シャツ、ネクタイ、ブレザーが上衣の基本セット。

ベスト

冬季はブレザーの下に学校指定のベストを着用するなどして寒暖を調節。

ズボン

上下共布なことはあまりなく、近年では無地ではなくチェック柄のものなども一般的になっている。上衣のみ学校指定で、ズボンは自由という学校もある。

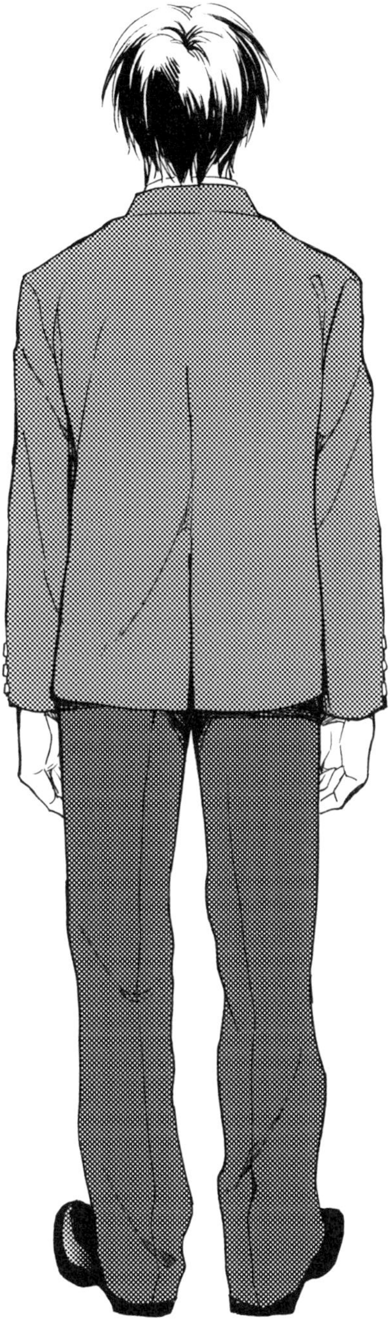

学生服といえば②

学生服の代表的なタイプのひとつ。学ランが中学校で採用されていることが多いのに比べ、主に高校で採用されている。前合わせがシングルタイプのスポーツジャケットや、ダブルで金属製のシャンクボタン(脚付きのボタン)がついたリーファージャケットなどが主流。色合いは紺系や黒など落ち着いたものや、スクールカラーを採用する学校もある。

Trivia

ブレザーの起源は、シングルタイプは、クリケットやテニス用のジャケットから(これらはモーニングコートから変化)、ダブルタイプは、ポーランド騎兵の服装をもとに広く軍服で使われるようになったといわれている。ダブルタイプのブレザーを学生服として採用している学校はそう多くなく、ダブルタイプは、世界各国の海軍や沿岸警備隊で採用されている。

Zoom up

シングルタイプでは、左胸に学校の校章などを象ったエンブレムがつけられていることも。学生生活を過ごすうちに、エンブレム部分が毛羽立ってくる人もいる。

ブレザー(夏)

シャツ

基本、半袖で白色(もしくは学校指定)のシャツ。学校によっては開襟シャツの着用を許可しているところもある。

夏はノーネクタイ

夏服期間は、学校指定の半袖もしくは長袖シャツ(白シャツが多い)に夏季用のズボンを着用することを義務付けている学校が多い。ブレザー、ネクタイは着用しない。衣替えにあたり、たいてい移行期間が設けられており、その時期はブレザーを着ても着なくてもよいが、ブレザーを着る場合はネクタイをしなければならない。

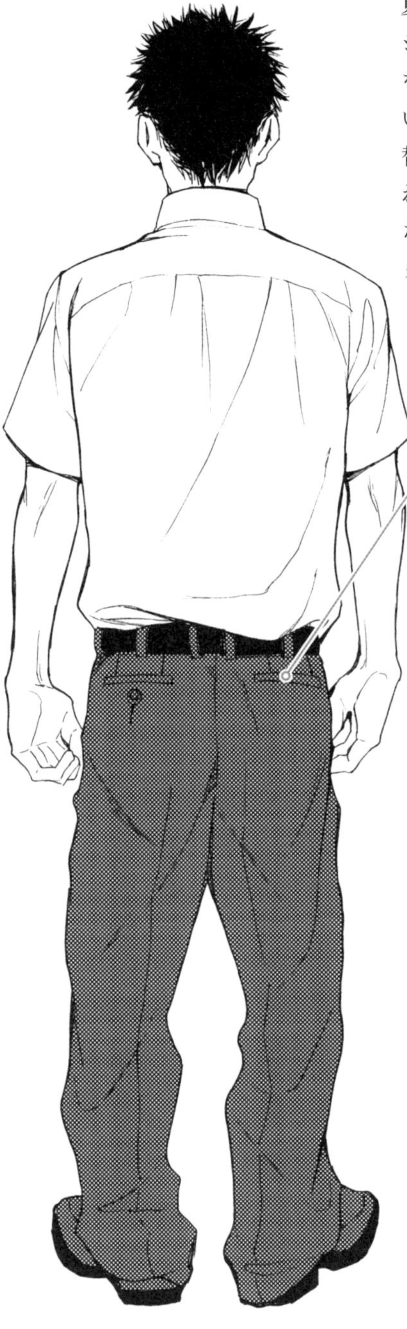

ズボン

薄手で通気性のよい生地で作られた夏季用ズボン。学校によっては冬季用のズボンを着用してもよいことになっている。

夏服のシャツとして、半袖と長袖のどちらを着てもよいことになっている学校の中には、ただし長袖を着た場合の袖まくりは不可としているところもあり、夏服期間に長袖シャツを選ぶ人は少ないようだ。

ジャージ

ジャージ

学校ジャージは、濃紺やえんじ、緑など単色で、デザイン的にシンプルなため、ファッション性に乏しいことから『芋ジャー』などと呼ばれることも。

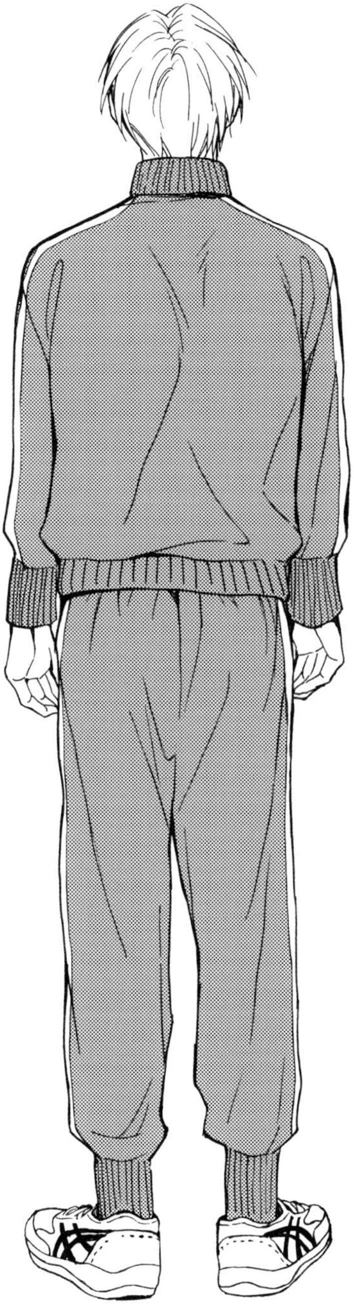

通学時に着用することも

学校指定の体操着として着用されるジャージ。そのほかにも、遠足などの野外活動時や一斉清掃の際などにも使われる。上衣はファスナーがついているものが多いが、プルオーバーのものもある。下衣は長ズボンタイプのものが主流で、ハーフパンツを着用する場合も。両袖外側部分、パンツ脇にラインが入っているものが学校ジャージに多い。

Trivia

そもそも、ジャージとは生地の名称で、ジャージー編みと呼ばれる編み方で伸縮性を持たせた布のこと。現在はポリエステル製が主流。ジャージ生地で何か作りたい！と思ったら、ポリエステルフライスという生地で探すと、よく知っているジャージ素材がヒットするはず。

Zoom up

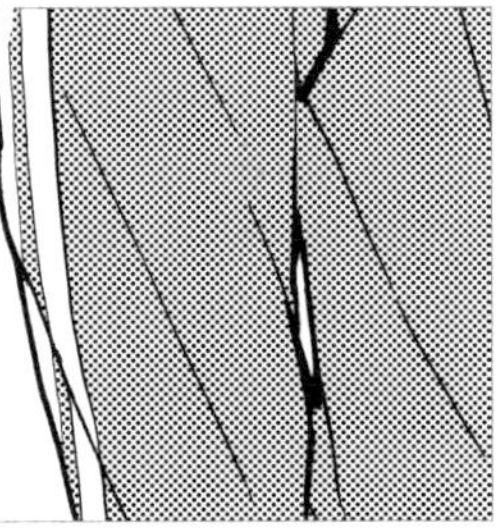

起源が謎の白ライン。3本ラインが入っていることがトレードマークの某スポーツメーカーのジャージを真似たともいわれているが…。今ではすっかり白ライン2本が学校ジャージのイメージに。

教師（文系）

カーディガン

シンプルなカーディガンを着用。えんじ色や黄土色など、アースカラーのものを選ぶことが多い。

ソフトで落ち着いた印象

主に英語や国語、社会といった文系教科を担当する教師。特に決まった制服があるわけではないが、なんとなくその先生らしい格好を定番でしがち。イラストはあくまでもイメージで、なで肩でヨレっとした感じのカーディガンを愛用。足元はリーズナブルでシンプルなサンダル。

ズボン

あまり体のラインが丸わかりするようなスキニーなものは穿かない。どこかゆるい感じ。

校内では主に黒や茶色のサンダルを使用。壊れでもしない限り、そうそう買い替えたりはしないので、くたびれている印象があるのは否めない。

Teacher

教師（理数系）

白衣

トレードマークとして着用させることで“理系”な印象を与えられる。

ズボン

あまりファッションに頓着しない人が多く、着るものは常にいたってシンプル。けっして華美ではなく、どちらかといえば地味目。

オールシーズン白衣

物理、化学、生物、地学など理科や数学などの理数系教科を担当する教師。ネクタイを締めたワイシャツの上に白衣を羽織っていることが多い(…印象。あくまでもイメージです)。職員室の自分の席よりも、実験準備室などによくいる。とにかくマイペースな感じが際立つ。

靴

合理的な考え方から、着脱の際などわずらわしさが少ないことが大事なポイントなので、スリッポンやデッキシューズ、サンダルなどを愛用。

理数系教科(特に理科)の先生のトレードマーク的なアイテム、白衣。おっとり(ぼんやり)系な先生だと、採点で使った赤ペンの先が何かの拍子で白衣についちゃって、ところどころに赤い点々が見受けられたり、そのペンやら何やらとにかくポケットにものがたくさん入ってパンパンだったりする。クール系だと逆にポケットには何も入っていない。

Teacher

教師（体育系）

ジャージ

ジャージの中には、前面にファスナーがついていないプルオーバー型もあるが、一般的なのはファスナーで前を開け閉めできるもの。

靴

外靴はスニーカーを愛用。デザイン性の高さが特徴的なハイカットなど様々なタイプがあるが、基本は定番のローカット。

わりと常にジャージ

保健体育を教える教師。体育の授業のほかに、何かしら運動部の顧問になっていることから基本ジャージ姿なことが多い。各運動部の主将とも顔見知りなので、その主将はじめ部員たちを雑用で使ったりなんてことも(イメージです)。

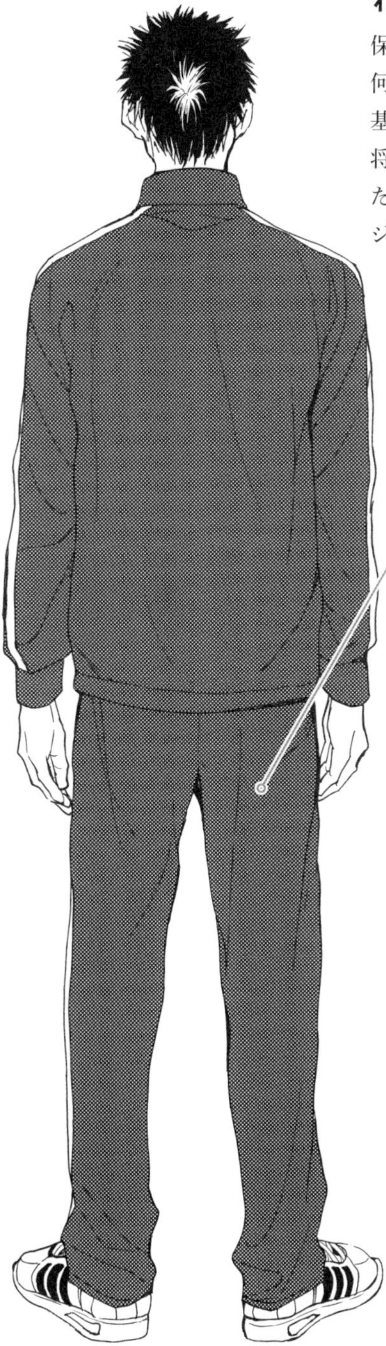

ズボン

丈の長いもののほかにハーフパンツなどもよく着用されている。

顧問になっている部活のクラブジャージか、愛用のジャージを着用。子どもの頃から運動一筋で、何着ものジャージを着てきたので、ジャージには一家言ある。新品は一度洗ってから着たほうが心地いいとは知っていながら、面倒くさいのでやらない。

Teacher

保育士

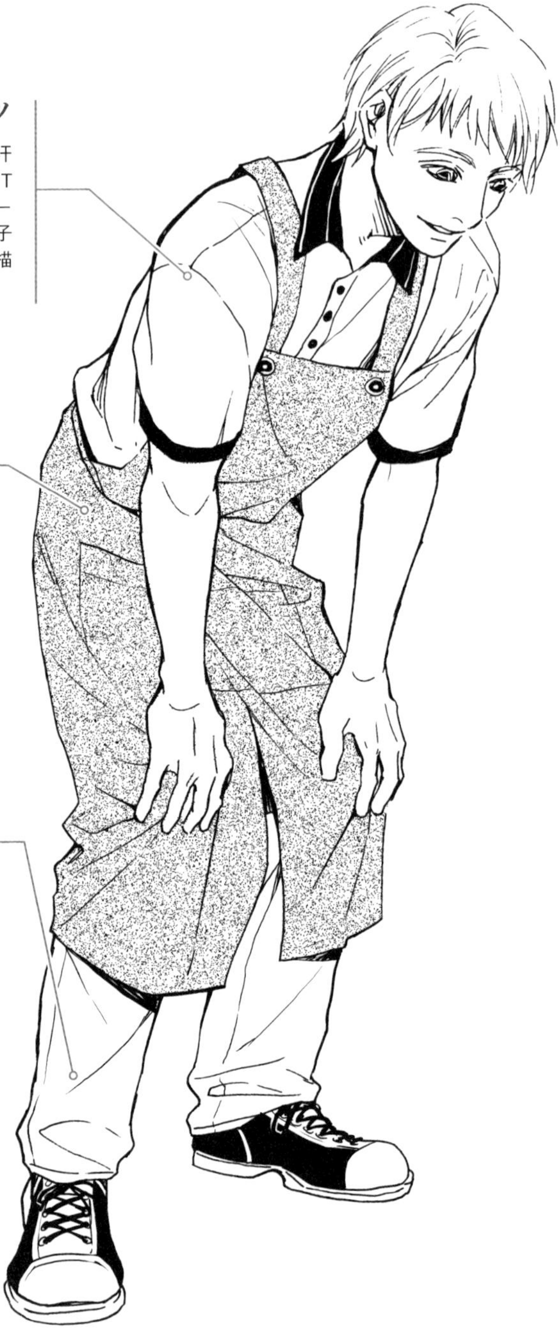

シャツ

元気な子どもと戯れたりと、汗をかくことも少なくないので、Tシャツやポロシャツなどスポーティーなもの。可愛い絵柄や子どもに人気のキャラクターが描かれているものを着る人も。

エプロン

汚れ防止。パステル系など明るめの色が好まれる。

パンツ

チノパンやジャージ素材のもの、7分丈、ハーフパンツなど、基本はやっぱり動きやすいもの。

エプロンがマストアイテム

保育所などで子どもの保育を行う保育士。以前は主に女性が従事し、『保母』と呼ばれていた職だったが、男性就労者も増えたことから『保育士』に改称される。職場に制服は特になく、上下ともに清潔で動きやすい服装を選び、エプロンやデザイン性のある割烹着を着用することが多い。

靴

散歩や外でのお遊びにはスニーカーで、所内ではクロックスタイプのサンダルや室内履き用の靴で。ストレッチシューズなど素早く着脱できるものも人気。

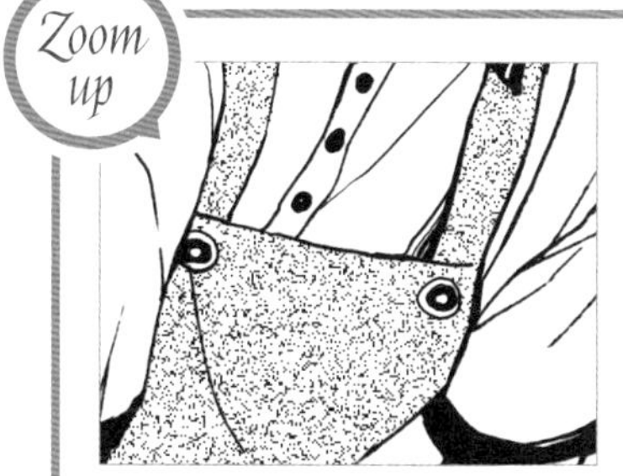

保育士の必需品ともいえるエプロン。ファンシーな絵柄のものや、可愛いアップリケがついたものなど多種多様だが、男性保育士はシンプルで落ち着いた色合いのものを選ぶ人も多いのだとか。

シングル
ブレステッド

ボタン

同じシングルブレステッドでもボタンの数は1 ～ 4個くらいまであり、ビジネスに合うのは3個、もしくは2個。どちらも一番下のボタンは掛けず、3つボタンなら真ん中のみ留めるのがお約束(襟の返りを邪魔しなければ第1もOK)。

スーツの色

ビジネススーツといえば定番の色はネイビー。年齢が若めならチャコールグレーが人気。ストライプやチェックなどの柄ものもいいが、基本的にスーツは色が明るかったり、柄が入れば入るほどカジュアル感が増すので要注意。

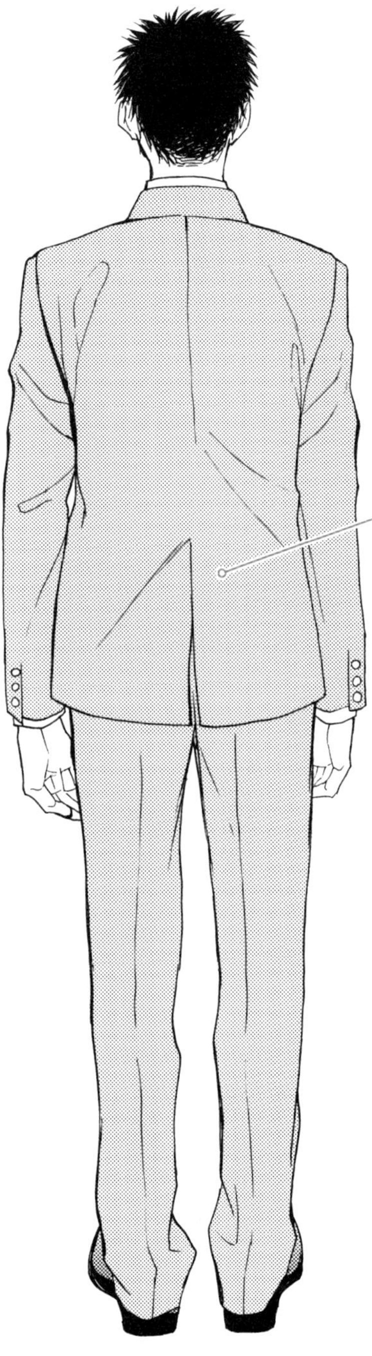

ビジネスマンの定番

言葉そのものに「一揃い」という意味がある通り、スーツは同じ生地からジャケットとスラックスを作るのが基本。イギリスで誕生したそれがビジネスマンの仕事着として定着したのは、20世紀初頭のアメリカから。現在はジャケットのボタンが1列のシングルブレステッドが一般的で、色やデザインのバリエーションも豊富。

ベント

ジャケットがシワにならないよう、背面の裾に入っているスリットのことをベントと呼ぶ。ベントのないノーベントや左右にあるサイドベンツ、中央に1本あるセンターベントなどがあり、センターベントはシングルブレステッドのみ。

Zoom up

ノージャケット、ノーネクタイのクールビズもいいけれど、スーツでおしゃれ感を出すなら要はシャツとネクタイ。色や柄だけでなく、シャツの襟の空き具合に応じてネクタイの太さを変えるのもポイント。

ダブル
ブレステッド

ボタン

ボタンの数は2･4･6･8･10個のタイプがあるが、一般的なのは4つボタンか6つボタン。上のボタンは襟の返りに合わせて留め、シングルブレステッドのように一番下は留めないといった決まり事はない。

袖

ダブルに限らず、スーツの袖は腕をおろしたときにシャツの袖口が1センチ出る程度がベスト。

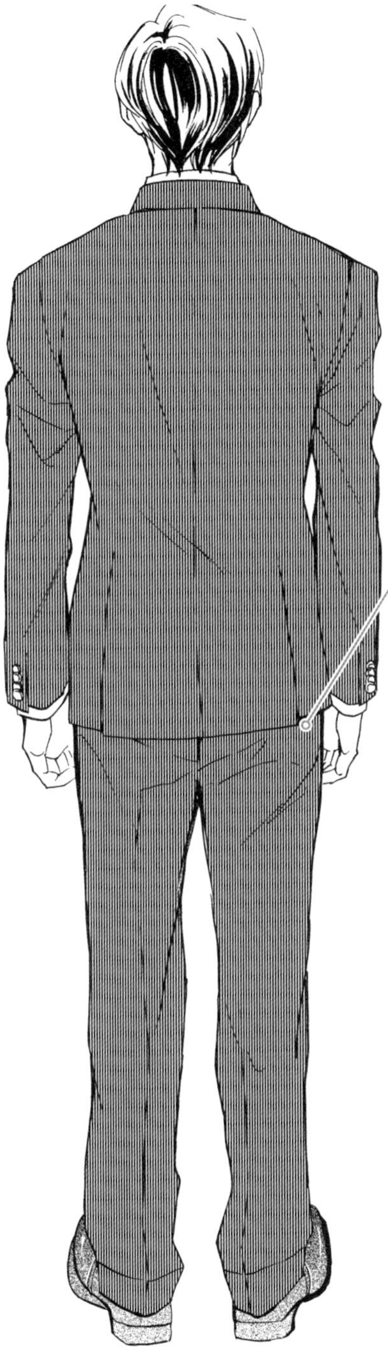

近年注目のスタイル

ジャケットの前を深く重ね合わせた、ボタンが縦に2列あるスーツ。以前はバブル時代に流行したオーバーサイズや、体を大きく見せて貫録を出したいオジさまのためのスーツという印象が強かった。しかし近年はブリティッシュトラッドブームの流れから、ナロー(狭い)タイプのダブルスーツが注目を集めている。

ジャケット丈

流行のナローラインはジャケット丈を短めにしてしまいがちだが、あまり短いのはカジュアルすぎてNG。ジャケットの後ろ襟からスラックスの裾まで(総丈)と、後ろ襟からジャケットの裾まで(着丈)の比率が、2:1を目安にするとバランスがよく見える。

シングルブレステッドよりは多少ゆったりしたシルエットになるものの、スーツの命ともいわれるショルダーラインはあくまで美しく。ナチュラルショルダー、スクエアショルダー(肩先が四角く角張ったもの)などラインは様々あれど、背中や腕の上部にシワができないよう、サイズ感を合わせるのが大切。イラストはコンケーブドショルダー。

スリーピース

ベスト

冬場に温かいだけでなく、お腹周りをすっきり見せる(ぽっこりお腹を隠す)効果もあるベストは、ネクタイピンの役目も果たしてくれる。ボタンが一直線に配置されている場合はすべて留め、一番下のボタンが離れているときはそれのみ留めない。ジャケットのボタンは開けていても問題ない。

フラップ

ジャケットの腰ポケットに付いているフラップ(雨蓋)は、屋外では外に出し、室内ではしまうのがフォーマルな場でのマナー。ビジネスシーンでは屋内外にかかわらず出しておくのが一般的。

スラックス

スラックスはベルトを使用せずサスペンダーで吊るのがクラシックスタイル。

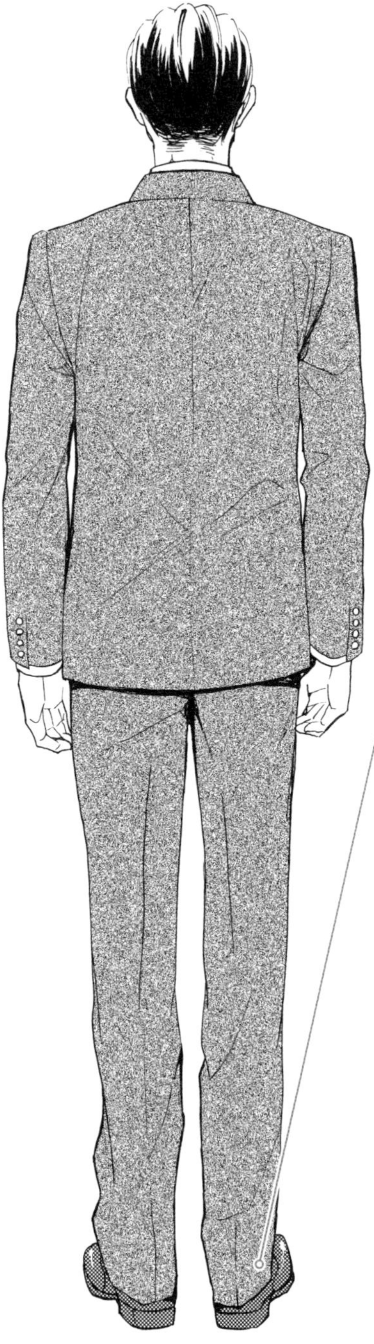

スーツの元祖

ビジネススーツの主流であるジャケットとスラックスにベストを加えた「三つ揃え」は、スーツの元祖。正統派なために年配の男性が着るものというイメージがあるかもしれないけれど、きっちり着こなせればおしゃれ度がぐっとアップする。大人なビジネスマンを演出する最適なスタイル。

スラックスの裾

スラックスは丈がやや短いほうがシャープには見えるものの、ソックスは見せないのが基本。長すぎるのも不恰好なので、靴の甲に触れるくらいを目安に。裾は折り返しのあるダブルと折り返しのないシングルがあるが、ビジネスシーンではダブルを好む人も多い。

ジャケット同様、ベストにも1列ボタンのシングルと2列ボタンのダブルがある。シングルジャケットにはシングルのベスト、ダブルジャケットにはダブルのベストを合わせるのがベーシック。

EXTRA 1
関連アイテム

ネクタイ

ビジネススーツの必須アイテムといえばネクタイ。大剣(もっとも太い部分)の幅の広さによってワイド・タイ、ダービー・タイ、ナロー・タイといった種類がある。結び方にもいろいろあるが、ノット(結び目)の下にディンプル(えくぼ)を入れるのがおしゃれのポイント。

プレーンノット

もっともオーソドックスな結び方。ノットが小さめで、様々な襟型のシャツに合う。

ウィンザーノット

ボリュームのあるノットが特徴。襟の角度が大きめのシャツに合う。

カバン

ブリーフケースやアタッシェケースのほか、近頃はトートタイプも人気。A4ファイルが入る大きさで、ナイロン、合皮、革など、素材は様々。

靴

つま先部分に飾りのないプレーン・トゥや、一文字の縫い目のラインのみが入ったストレートチップの紐付き革靴がメイン。ベルトのついたモンクストラップもOK。

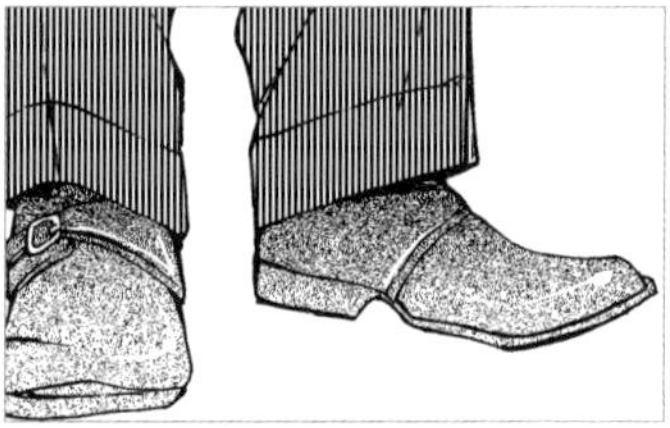

COLUMN

襟のバッジはエリートの証

「スーツが仕事着」の職業でエリート中のエリートといえば、真っ先に思い浮かぶのは裁判官や検察官、弁護士などの法曹界なのでは？
司法制度の改革にともない、法曹人口を増やすべく制度や試験内容の変更が行われたものの、新司法試験が、キャリア官僚の登竜門・国家公務員総合職試験（旧：国家公務員I種）を抑え、日本における最難関の資格試験であることに変わりはない。マンガや小説で描かれることも多い彼ら法曹人には、身分を証明する「バッジ」があるのはご存じの通り。それぞれのデザインと由来を押さえておこう。

バッジ　※多くはジャケットの左の下襟につける。

弁護士記章 	日本弁護士連合会から貸与される弁護士の唯一の身分証。正義と自由を表わす「ひまわり」の花弁の中央に、公平と平等の印である「天秤」が彫られている。通常は純銀製で花弁に金メッキが施されているが（金メッキがはがれ地の銀が出ているのはベテランの証）、希望により純金製のバッジを借りることもできる。
検察官記章 	任官時に貸与され、公務執行時に着用を義務付けられている記章。「紅色の旭日」のまわりに、「菊の白い花弁と金色の葉」をあしらったデザイン。形が霜と日差しに似ているため、厳正な検事の職務とその理想像とが相まって、「秋霜烈日のバッジ」「秋霜烈日章」と呼ばれている。
裁判官記章 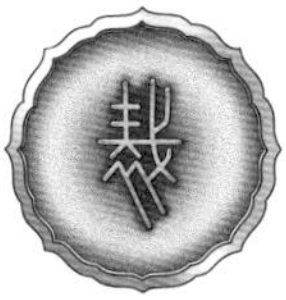	裁判所職員に貸与される記章で、スーツ着用時などにつける。三種の神器のひとつ「八咫の鏡」を形どり、中心に篆書体の「裁」の字を配したデザイン。曇りなく真実を映し出すといわれる八咫の鏡は裁判の公正を象徴しており、裁判官が法廷で着用する黒色の法服にも「他の何色にも染まらない＝公平な立場」の意味が込められている。
議員記章 	法曹ではなけれど、やはり法律に携わる国会議員にもバッジがある。金属製の台座に絹ビロードが座布団のように載せられ、中央に金色の11弁菊花が配されたデザインで、衆議院記章はビロードが赤紫色で菊の紋は直径９ミリ、参議院記章はビロードが茄子紺色で菊の紋は直径11ミリとなっている。

EXTRA 2
正礼装

モーニングコート

ジャケット

ジャケットはシングルブレステッドの1つボタンで、色は黒かアイボリー、グレー。襟は下襟が鋭角に上がったピークドラペルで、前裾は曲線的に大きくカット。

ベスト

ベストは慶事ならジャケットと共生地のものかアイボリーやグレー。弔事ならジャケット共生地のものを合わせる。日本の場合は共生地のベストに着脱できる白襟があり、慶事なら白襟をつけ、弔事では外す。

手袋

慶事の手袋は白手袋かグレーの鹿革で、白のポケットチーフも基本アイテム(弔事は手袋、チーフともに不要)。

スラックス

グレーの縦縞のスラックスがベーシック。ゆったりめのシルエットで、ベルトではなく白黒ストライプのサスペンダーを使用する。

靴

靴は黒革のストレートチップかプレーン・トゥ。

昼の正礼装

英国貴族が乗馬の邪魔にならないよう、フロックコートの前裾を大きく斜めにカットしたのが原型だといわれ、名前の通り昼間に着用するもっとも正式な礼装。結婚式や披露宴、公式行事などで主役かそれに準ずる男性が着る。ビジネススーツなど平服のジャケットは、モーニングコートの裾を切り落として生まれた。

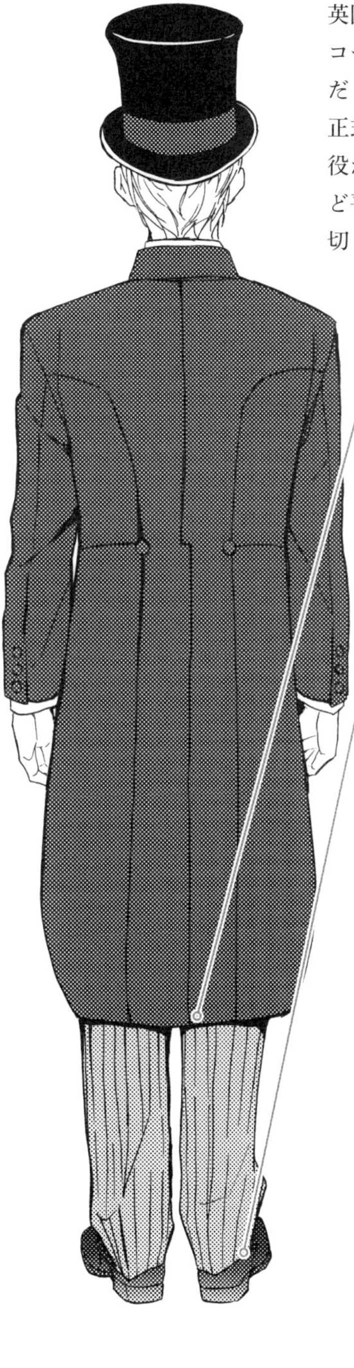

ジャケットの裾

燕尾部は切れ込みのないノーベントスタイル。

スラックスの裾

裾は折り返しのないシングルで、裾口は後ろを長く斜めにカットしたモーニングカット。

Zoom up

ネクタイは慶事ならシルバーグレーの縞柄か、新郎ならばドレッシーなアスコットタイ(スカーフのようなタイ)で、弔事は黒ネクタイ。シャツは白色で襟の形はレギュラーカラー、あるいは後ろ襟は首にそって立ち、前の襟先が翼のように小さく折り返されたウイングカラーが一般的。

EXTRA 2
正礼装

タキシード

ジャケット

ジャケットは黒が基本で、シングルまたはダブルブレステッド。襟に拝絹という光沢のある布地が貼られているのが特徴。アメリカではへちま襟と呼ばれるショールカラー、ヨーロッパではほかの正礼装と同じピークドラペルが主流になっている。

シャツ

ジャケットがショールカラーならウイングカラーのプリーツシャツ、ピークドラペルならレギュラーカラーのプリーツシャツが合う。

カマーバンド

カマーバンドはヒダを上に向けて、スラックスのウエスト部分を覆う位置に着用。フォーマルな場では黒やグレー、えんじ系、紺系無地が一般的。

カフス

袖口はシャツを折り返してカフスで止めるダブルカフス。

靴

靴は光沢のあるエナメル革のオペラパンプス。

通称ブラックタイ

夕方から夜の各種パーティ等で着用する、燕尾服に準ずる正礼装。燕尾服の裾を切り落としたスタイルだが、発祥にはアメリカとヨーロッパの2説がある。黒い蝶ネクタイをすることから「ブラックタイ」とも呼ばれている。正礼装では唯一ベストを着用せず、腹部に「カマーバンド」という飾り布を巻く。

スラックス

ジャケットと共生地で、脇に1本の側章があるスラックス。ベルトではなくサスペンダーを使用。

Zoom up

「ブラックタイ」という通称があるように、黒い蝶ネクタイがタキシードのポイント。アメリカでは先端が三角に尖ったポインテッドタイが多く、イギリスは結びの輪の部分が四角く幅が狭いスクエアエンドが多い。

EXTRA 2
正礼装

燕尾服

ジャケット

ジャケットは原則黒。襟は拝絹地付きのピークドラペルで、ダブルブレステッドの6ボタン。

ネクタイ・ベスト

蝶ネクタイとベストは白の共生地。ベストは襟付きのシングルまたはダブルで、ボタンは留める。

スラックス

スラックスはジャケットと同色で股上が深くゆったりめ。脇に２本の側章があり、裾はシングル。サスペンダーは白を着用。

靴

靴は黒エナメルで、紐を結ぶための羽根が甲の部分と一体化した、内羽根式のプレーン・トゥかパンプス。

夜の正礼装

格式を重視した最上級の夜の礼装。すべてを白と黒でまとめるのが基本スタイルで、白い蝶ネクタイを着用することから「ホワイトタイ」とも呼ばれている。最大の特徴はやはりジャケットの形。後ろの丈が長く、ツバメの尾のように裾が割れており、前合わせはウエスト部分でほぼ水平にカットされている。

ジャケットの裾

ジャケットの後ろは膝までの長さ。乗馬服に由来するため、裾がツバメの尾のようにふたつに割れている。

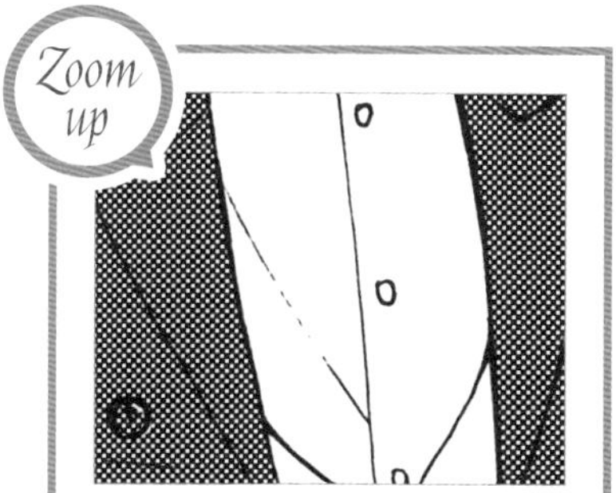

ウイングカラーの白無地で、芯地を入れて糊で固めたU字型の別生地を胸に貼り付けたイカ胸シャツを着用。よだれ掛けのような別生地をつけたこのデザインは、19世紀半ば、胸の真ん中に勲章を留めるために作られた。

Special
COLUMN
1

制服とは○○である

さて、いい機会なので、そもそものそもそもに立ち返って考えてみよう。

『制服』とはなんぞや。

『制服』とは、ある一定の集団や組織、団体に属している者たちが着るように定められている服装のこと。英語では〈uniform〉といい、これはラテン語の〈unus〉(ひとつの)+〈forma〉(形)が語源。

では『制服』という漢字それぞれの語源は何かというと、〈制〉は、へんが〈枝の重なる木〉の象形、つくりが〈刀〉の象形から、形を作り整える・おさえる、といった意味を持ち、〈服〉は、へんが〈わたし舟〉の象形、つくりが〈したがえる〉を意味する漢字で、そこから、身につけることを意味する漢字になったもの。

言葉から見ても、デザインがばらばらで統一されていなくては、制服の意味を成さないわけである。そんなわけで、基本的に制服と呼ばれるものは、デザインが統一されている。

制服を採用することで、集団や組織内外の人間を容易に区別することができ、その集団・組織などに合った機能性、特性が制服に付与されていくことも多い(顕著なのは消防吏員の防火衣とか)。また、着用している者に対して、特定の集団・組織などに属していることを強く認識させ、共同体としての意識を持たせる意味合いもある。そこには、意匠的な意味でも精神的な意味でもある種の『縛り』があって、これを頑なに順守したり、あえて逸脱したりするところに『制服』の萌えが発生するんじゃないかと思ってみたりする。

『制服とは○○である』。どんな言葉を入れたら一番自分にしっくりくるのか。ぜひ考えてみていただきたい。

第2章 イラストエッセイ

ファッションアイテムにこだわりを持つ人気マンガ家たちによる、描き下ろしイラストエッセイ。

【ラインナップ】
オノ・ナツメ《眼鏡》　えすとえむ《紳士靴》　ZAKK《帽子》　歩田川和果《ネクタイ》

スーツ男子を描いてると手ぐせのように眼鏡を加えていることが多いように思います。
そして眼鏡は描き分けのための大切なアイテムですね。
初見でしゅっとした印象に見せたい時は細フレームを選んでいる気がします。
黒縁眼鏡が好きなので眼鏡キャラ全員黒縁太フレームにしたいですね…
ステキですね…
老眼鏡姿の上目づかいは
大好物

オノ・ナツメ　Theme **[眼鏡]**

Profile　おの・なつめ／2003年に「LA QUINTA CAMERA」（ぺんぎん書房『COMIC SEED！』11月号掲載）でデビュー。以降、頭身の違う絵を描き分けながら多彩な作品を次々と生み出す。

履かれた靴も
素敵ですが
紳士靴はなんといっても
靴そのものが
美しい。
紳士靴の誘惑
えすとえむ
紳士靴の持つ、ある種の緊張感が
好きです。ゆるやかでダイナミックな曲線、
ピンと張られた革のハリ、
底をしっかり地面につけた安定感。
絶妙なバランスで形成された
美しい靴は、しなやかなダンサーの
身体にも劣らぬような生命感を
宿しており、時間を忘れて見入って
しまうこともしばしば。
紳士靴を描く時には裸体を描く
のと変わらぬテンションで線を引きます。
生き物の身体以外で、こんなにも魅力的な
カーブを描く造形物は、そうないだろうな、
なんてことを考えながら。

えすとえむ　Theme**［紳士靴］**

Profile　えすとえむ／2006年に「Rockin' my head」(東京漫画社『年の差カタログ』掲載)でデビュー。以後、青年誌、女性誌にも活動の場を広げ、多くの雑誌で活躍中。

ZAKK　Theme **[帽子]**

Profile　ザック／帽子職人と捨て狗青年の同居生活を描いた初コミックス「CANIS -Dear Mr.Rain-」(茜新社／EDGE COMIX)が話題を呼んだBLマンガ界の新鋭。"石江八"名義でBL以外の作品も発表中。

ネクタイを締める、ゆるめる等の
仕草が好きです。
なので、軍隊とか、襲撃される
可能性のある職種の場合、
つかんで締められるのを防止するため
引っぱられたらすぐはずれるように
ワンタッチ式、クリップオン式だったりするのが
ちょっとさびしいです。
（安全第一なんですけど!!）
この「くいっ」っといくかんじが好きです。
くいっ っと
てゆうか、
安全考えるならネクタイやめた方がいいんじゃないかと思うんですけど。
そこまでしてつけたいのかと
情性すてき。
ふつうのネクタイもいいですが大人のリボンタイ使いも好きです。
リボンタイ♡
ぐいっと締めるの好きです。
くるしい。
このときエリを立ててほしい。
しかもモエる
戦に向かう兵士が
無事に帰ってくるように
願う
恋人がくれたスカーフを
首にまいてお守りにしたのが起源とか、
たんに寒いからまいた、とか、もっと身もふたもなく
衿の形をきれいに保つのがめんどくさいから
スカーフを巻いてごまかしたのが起源とか
諸説あるみたいですが、形も色柄も豊富で
現代でもスーツ着たらネクタイ、制服にもネクタイで
とりあえずネクタイつけてたら何となくサマになるという
こんな便利グッズをはじめに思いついた人
すばらしいですね!!

歩田川 和果　Theme［ネクタイ］

Profile　ふだがわ・わか／作品が持つ独特の空気感が注目を集める期待の新鋭。ネクタイ専門店を舞台にしたBL「ねくたいや」が新書館ディアプラス・コミックスより発売中。

Special COLUMN 2

やっぱりみんな制服がお好き!?

その集団に属しているかいないかを明確に表す制服は、着用することで自然と規律が生まれる。所属集団が容易にわかる服を着て(正体をさらして)悪さをするのは容易ではないし、自然と行動が抑制されるわけである。

その最たるもののひとつが軍服で、それゆえなのか軍服は、学ランやセーラー服などをはじめ、のちに広く一般的に転用されたものが多い。小物でいえば、ネクタイは起源に諸説あるが、その多くは軍隊に由来するという。たとえば、ネクタイの別名はクラバットというのだが、これはもともとはクロアチア兵のことで、クロアチア兵が首に巻いていた布のことをクラバットといったことから、ネクタイを指す言葉になったんだとか。学校の制服などで使用されることの多いストライプのレジメンタルタイも、イギリス陸軍の連隊旗に由来していて、『レジメント』という言葉自体、陸軍の連隊を指す(ちなみに、ストライプ柄でも、タイに向かって右上がりのストライプのものをレジメンタルタイといい、アメリカで生まれたレジメンタルタイをもとにした右下がりのストライプのものは、レップタイという)。確固たる軍服萌えがなくても、なんとなく軍服っていいよね…と思っている人も含めると、軍服&小物に心惹かれている人は相当数いると思われる。

もちろん、軍服に限らず、なんらかの制服に“萌え”があるという人は、けっしてめずらしくない。学ランが好き!とか、医者の白衣がたまらん!とか、人の数以上に煩悩があり萌えがあるわけで、萌えの対象となる制服の種類は人それぞれ。自覚のない潜在制服萌えまで含めると、やっぱり相当数…いや大概の人は『制服』というものに萌えを抱えているといえる(キリッ)。もうそういうことでいいですね!(キリッ)。みんなもっと制服への愛を叫べばいいと思う。見てても描いても、何しても楽しいよ、制服。

第3章

マンガ家インタビュー

マンガやイラストで様々な“制服男子”を描き、その絵柄も人気のマンガ家・ねこ田米蔵、稲荷家房之介の両氏に、制服の魅力、制服を描くときのポイントなど、制服にまつわるアレコレをお聞きました！

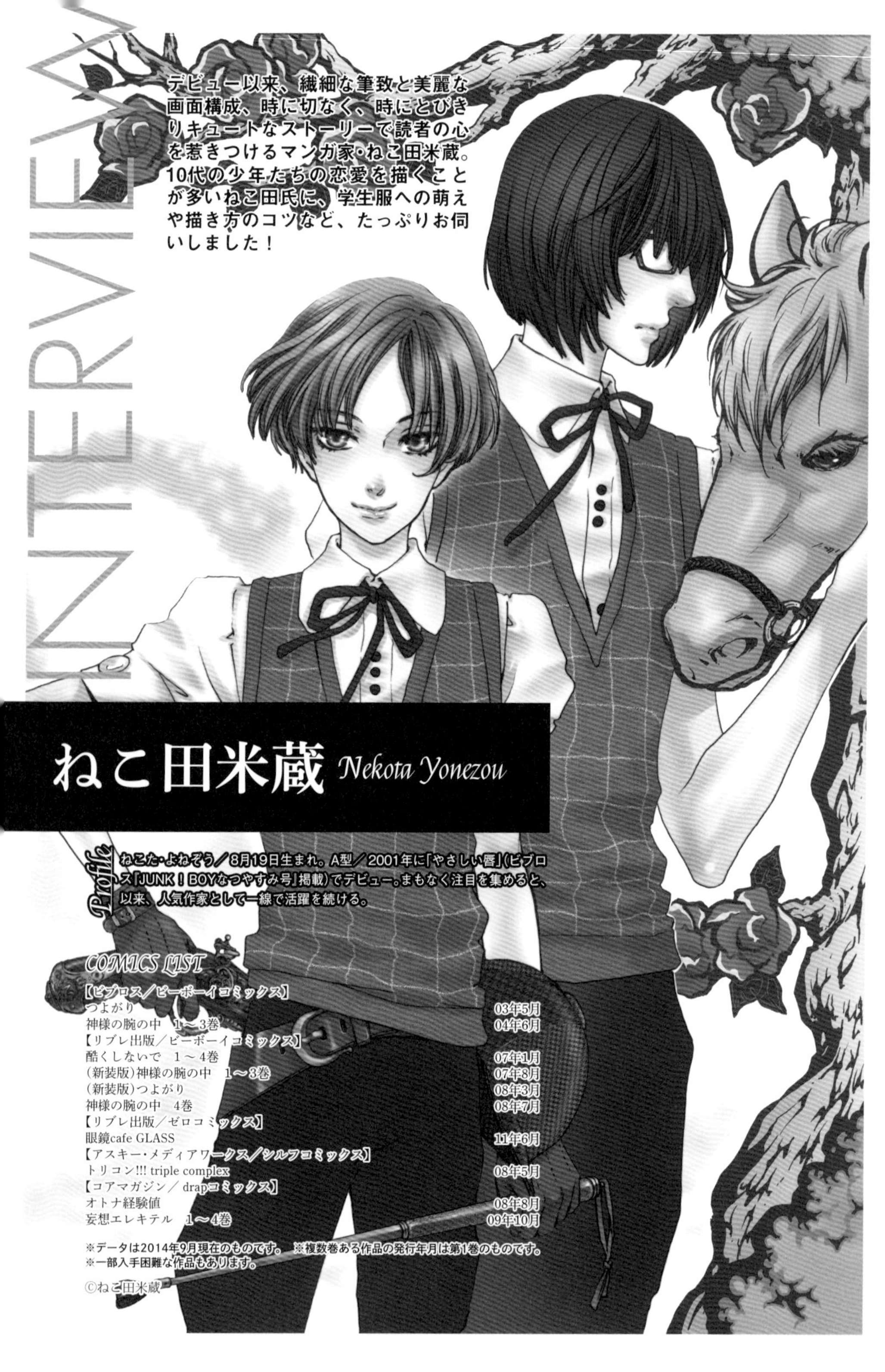

INTERVIEW

デビュー以来、繊細な筆致と美麗な画面構成、時に切なく、時にとびきりキュートなストーリーで読者の心を惹きつけるマンガ家・ねこ田米蔵。10代の少年たちの恋愛を描くことが多いねこ田氏に、学生服への萌えや描き方のコツなど、たっぷりお伺いしました！

ねこ田米蔵 *Nekota Yonezou*

Profile

ねこた・よねぞう／8月19日生まれ。A型／2001年に「やさしい唇」（ビブロス「JUNK！BOYなつやすみ号」掲載）でデビュー。まもなく注目を集めると、以来、人気作家として一線で活躍を続ける。

COMICS LIST

【ビブロス／ビーボーイコミックス】

つよがり　03年5月

神様の腕の中　1～3巻　04年6月

【リブレ出版／ビーボーイコミックス】

酷くしないで　1～4巻　07年1月

（新装版）神様の腕の中　1～3巻　07年8月

（新装版）つよがり　08年3月

神様の腕の中　4巻　08年7月

【リブレ出版／ゼロコミックス】

眼鏡cafe GLASS　11年6月

【アスキー・メディアワークス／シルフコミックス】

トリコン!!! triple complex　08年5月

【コアマガジン／drapコミックス】

オトナ経験値　08年8月

妄想エレキテル　1～4巻　09年10月

※データは2014年9月現在のものです。　※複数巻ある作品の発行年月は第1巻のものです。

※一部入手困難な作品もあります。

学ランが大好き

――本日は、男子の〈制服〉について、いろいろとお話を伺いたいと思います。作品に学生のキャラクターが登場することが多いこともあって、これまで様々な学生服を描かれていますよね。

ねこ田　そうですね。でもオーソドックスな学ランなんかは、実は、そんなに描いていないんです。変なデザインのものが多くて(笑)。

――学生服を描くのは、楽しいですか？

ねこ田　楽しいです。

――好きな学生服のタイプなどはあります？

ねこ田　数を描いていないわりに、学ランが一番好きです。学生！って感じが一目でわかるじゃないですか。見ていて楽しいし、大好きなんです。

――学生服といえば、学ラン？

ねこ田　はい。絶対学ランがいいです。絶対学ランがいいんですが、学ランってフォルムが難しいんですよ。見ている分にはいいんだけれど、描くとなると四苦八苦してしまって…。

――特にどのあたりが難しいのですか？

ねこ田　なんていえばいいんだろう…。私の感覚として、学ランはちょっともっさりしていると思っているのですが、それを表現するのが難しくて。身体のラインにそって描くと、なんか違和感があるし、カッコよくなりすぎちゃうというか、なんか変になっちゃうんですよ。でも、もっさり着せようとすると、私の絵柄に合わないんです。なので、学ラン姿を上手く描けている絵を見ると、すごくうらやましく思いますね。

――ほかの人が描いた学ランの絵で、注目するポイントはどんなところですか？

ねこ田　学ランならでは、ということで、詰襟の襟元部分は、つい見てしまいます。あと、足元の感じなんかも好きで、よく見ます。どうも末端の部分が好きみたいで、学ランではないのですが、スーツ姿の絵でも、袖元からシャツが覗いている感じがすごく好きなんです。学ランやスーツなど、もとのフォルムがかっちりしている服を着て腕を上げると、肩のフォルムが崩れたりするのですが、その感じも好きですね。シワが寄る感じだとか。そこらへんは、つい見てしまいます。

――特に学ランの描き方が好きなクリエーターはいますか？

ねこ田　柊のぞむさんです。学ランに限らず柊さんが描かれる服の感じがとても好きで、私みたいなフェチにはたまらないものがあるんです(笑)。柊さんの描かれる線はシンプルなのですが、そのシンプルな線であそこまで服の雰囲気を出せるのがすごいな、と。腕を曲げたときのシワの描き方だとか、秀逸なんですよ。すごく素敵だと思うんですけど…。

――けど？

ねこ田　いいなと思って真似してみても、自分では上手く描けないんです。

――学ランは、ボタン留めとホック留め、ファスナーがついているものなどもありますが、お好みはどのタイプですか？

ねこ田　ボタン留めです。金ボタンがいいですね。たぶん学ランの中でもより身近なタイプだからだと思うんですけど。ボタン留め以外の学ランって、実際にはあまり見かけたことがないんです。

――マンガや映像作品など、創作物からの影響というわけではないんですね。

ねこ田　学生服は、3次元で好きだから2次元でも好きっていう感じです。なので、学ランの子が歩いていると、ついつい目で追ってしまう…ってなんか怪しい人みたい(笑)。

――ブレザー姿の子にはあまりそそられませんか？

ねこ田　そういうわけではないのですが、やっぱり学ランのほうが可愛いな、と思います。あ、でも、ブレザーを着崩しているのもめちゃくちゃ可愛いですよね。ただ、どうしてもBL的な目線で見てしまうもので、脱がしておいしそうなのはどっちかな…と自分の嗜好で考えると、学ランなんですよ(笑)。

——先ほど学ランは描くのが難しいとお話しされていましたが、それもあってかご自身の作品では、ブレザーの学生服が登場することが多いですよね。

ねこ田　そうですね。上手く描けないから、避けているのかもしれないです。

——とはいえ、いろいろなパターンで、ブレザーの学生服をデザインして描くのも、それはそれで楽しい？

ねこ田　はい。学生が主人公の新シリーズを考えるときは、制服のデザインには力を入れます。キャラクターに愛着を持ってもらえたらいいな、と思うので、凝った制服だったり、どこか特徴があったりすると、パッと見てキャラクターを認識してもらいやすいんじゃないかと思うんですね。キャラクターのコスプレをしたいといっていただくこともあるので、この制服ならこのキャラだってわかってもらえるような、印象的な制服にしたいといつも思っています。

〈制服〉は3割増し

——制服を描く際に、ほかの服装と比べて意識するのはどんなところですか？

ねこ田　学生服はスーツが基本になっているので、スーツ系とそうでないもので意識が違う気がするんですが、たとえば学生服やスーツ系を描くときは、本来かっちりとしたものなので、雰囲気でむやみに変なところにシワを入れないようにはしています。ちゃんと描けている人から見たら、変なところにシワ入ってるよ！と思われるかもしれないんですけど。実際のスーツは、シワが入っていないほうがきれいに見えるのですが、その通りに絵で描くと、なんだか棒人間みたいになっちゃうんですよ(笑)。紙製の服を着ているみたいに、平面的になってしまって、スーツっぽく見えないんです。なので、適度にシワを入れるようにしていますが、自分としては、学生服やスーツのしっかりとした生地感のようなものが表せるように意識しているつもりです。逆に、私服だったら、柔らかめな感じで描くとか。

——見たまま描くと違って見えるんですね。

ねこ田　たとえば、実際にはスラックスのラインは、下に向かってスーッと落ちていますし、ラインも決まっているのですが、その通りに描くとあまりカッコよくないんです。なので、少したわませてシワを寄せるなどして、絵としての見た目のカッコよさを重視しています。…といいつつ、カッコよく描くのが難しいなあといつも思っているのですが。スーツを忠実に描きつつもカッコよく描けている人の絵を見ると、ただただ脱帽です。本当にうらやましい。どうやったらそんな風に描けるのか知りたいですもん。

COMICS GUIDE

神様の腕の中

◘ リブレ出版　ビーボーイコミックス
1～3巻 07年8月　※新装版／4巻　08年7月

Story　異教徒だといわれ、周囲から孤立していたマリウスは、自作の薬物を斡旋しているジンジャーから、無理やり薬を与えられてしまう。しかしそれがマリウスとジンジャーの距離を縮めることになり…。欧州一の伝統を誇り、貴族や良家の子息たちが日々を送る全寮制のパブリックスクールを舞台に、少年たちの交錯する想いが描かれる連作シリーズ。同じ学園を舞台に、新たな主人公たちの物語を同人誌で描きつづけていたが2014年夏に完結。

――学生服やスーツを描く際、どんなものを資料にしているのですか？

ねこ田　映画やドラマをよく観るのですが、学生服やスーツを着た人ってよく出てくるじゃないですか。実際に人が着て、動いているのを見たときに、以前に自分が描けなかった角度やシワの感じなんかが「こうなっているのか！」とわかることが多くて、映像が描くときの資料というか、反省と次回に活かすための資料になっていることが多いです。

――動画を一時停止して観察されているのですか？

ねこ田　うまく描けなかったところというのは覚えているので、映像を観た瞬間になんとなく理解することが多いです。パッと見てもわからないときは、映像を止めて実際に描いてみないと、シワの入れ方だとかがわからなかったりすることもありますけど、そのときによります。

――スーツや学生服をそれらしく描く際のポイントのひとつは、シワですか。

ねこ田　だと思います。そこが難しいところでもあります。そこだけに限らず、全部難しいんですけど(笑)。私服だと逃げられるというか、時間がないから凝っていない感じのものにしようとか窮余の策がなくもないのですが、制服やスーツはそうやって逃げることができませんからね。

――制服やスーツは、読者にとっても現実で身近なだけに、些細な違和感も気づかれてしまいそうですしね。

ねこ田　そうなんですよ。学生服を着たことがないとか、見かけたことのない人なんてあまりいないような気がしますし。自分自身、小・中・高と制服がありましたしね。

――小学校も制服があったのですか？

ねこ田　地元が田舎だったので、私服の小学校のほうが少なかったんですよ。都会の小学校は私服が多いイメージですけど。

――小学生の制服姿というのも可愛らしい印象があります。

ねこ田　そうなんです。私の地元の小学校は、男の子が学ランに半ズボンだったんです！　いま思い返してもちょっとテンションが上がります。

――確かにいま声が跳ね上がりましたね(笑)。

ねこ田　黄色い帽子かぶって、可愛いんですよ。

――学生服って、着ているだけで3割増しくらいに見える気がするのですが。

ねこ田　あ、わかります。そうですよね。普通の服を着崩すとだらしなく見えることが多いですが、学生服は、きちんと着ても、少し着崩しても、どちらもそれぞれいい気がします。それは学生服ならではかもしれませんね。もしかしたら、学生服に限らず、決まった形のある制服は、みんなそういう3割増しな要素があるのかもしれませんが。

――学ランにしても学生服にしても、ある程度フォーマットが決まっている分、遊びの余地が少ないというか、バリエーションを増やすのが難しかったりはしませんか？

ねこ田　確かに、学生のキャラクターが増えてくると、そのキャラならではの学生服の着せ方をするのに工夫が多少必要にはなってくると思います。ブレザーの場合は、下にパーカーを着せたり、シャツじゃなくてTシャツを着せたりなんかをするのですが、学生服だけじゃなく、髪型や顔付きこみでそのキャラクターなので、描き分けはできているんじゃないかと信じています(笑)。10人20人まとめて学生服を着たキャラクターを描けといわれたら、苦しみそうですけど。でも、基本的には学生を描くのが楽しくて仕方がないので、つらいことはないですね。特に高校生を描くのが大好きみたいです、私。

それらしく見えることが大事

――学生服やスーツ以外で、〈制服〉と呼ばれ

るもので特に好きなものは何かありますか？

ねこ田　そうですね…いまいろいろ頭の中で思い浮かべて考えてみたのですが、絶対に自分が反応するのが、海軍のような白い軍服だということがあらためてわかりました。白、というのが自分にとって重要みたいです。白いから汚してみたくなるというか…ってまた何か怪しい人の発言になってますね(笑)。

――白い軍服はこれまで描いたことがないですよね？

ねこ田　ないです。見る専門です。イラストなら描きたいなとは思うのですが、マンガでああいう制服を1コマ1コマ描くのは、きっと気力が湧きません(笑)。

――どこかかっちりとした制服が好みで、心惹かれるのかもしれませんね。

ねこ田　そうかもしれません。ただ、学生服やスーツに比べると、礼服のようなフォーマルなものに対してはそんなに熱量が高くないんですけど、タキシードの下にサスペンダーをつけてくれていたら最高です。スーツでサスペンダーも最高です。

――サスペンダーが萌えがひとしおなアイテム？

ねこ田　サスペンダー大好きです。

――ほかに何か萌えるアイテムはありますか？

ねこ田　靴下留めに異様な萌えがあります。昔の男性はわりと使っていたようなのですが、スーツのズボンの下に紳士が靴下留めをつけているなんて、なんて素敵だろう！と思うんです。海外の映画やドラマに出てくるギムナジウムの少年たちは、制服姿のときによく靴下留めを使っているのですが、それを40、50のおじさまたちも使っていると思うと、テンションがどうしたって上がります(笑)。ただ、現代ではほとんど男性は使用していないものなので、レトロな時代設定の作品だったら、サスペンダーも靴下留めも描ける！とは思うのですが、なかなか描く機会がなくて。

――サスペンダーと靴下留めのセットなんて、さらにたまらないわけですね。

ねこ田　ズボンも靴下もずれてこないように、サスペンダーや靴下留めをして、きっちりスーツを着込んでいると思うと、脱がせたところが見たくなるといいますか。スーツの内側で、きっちり着るためのそんな努力をしているというのがまたたまりません。この萌え心を持て余したら、最終的に同人誌を出す気がしています(笑)。

――現代のスーツ男性が身につけるアイテムに関しては、何かお気に入りのものはありますか？

ねこ田　ネクタイですね。結び方も、ボウタイやアスコットタイなどネクタイ自体の種類もいろいろあって、可愛いですし。イラストで描くときなんかは、ネクタイの柄をどうしようかいろいろ考えるのも楽しいです。

――そういうときは、どんなものを参考にされるのですか？

ねこ田　インターネットで画像を検索するときもありますし、スーツの写真がたくさん載っている雑誌を参考にすることもあります。男性向けのファッション誌は、書店の人がびっくりするくらい、大人買いしたりします。

――そういった男性向けの雑誌の中で、特に参考にされているものはあります？

ねこ田　ひとつ挙げるとしたら『Gainer』(光文社)ですかね。でも、参考資料といいつつ、ほぼ自分の趣味のために買っているような気もします。

――スーツの型紙や縫製のことなども調べられたりしたのですか？

ねこ田　あまり専門的なことは調べていないですね。それよりは、どう着こなしたらカッコよく見えるかとか、視覚的なことを気にするようにしています。興味がないわけではないので、スーツの構造的なことも縫製についても知りたいと思うんですけど、スーツが好きとかいっておきながら、マニア度が足りていないですね…。スーツへの萌えがあるだけに、もっと上手く描けるようになりたい気持ちはとても強いのですが、なかなか上手く描けなくて、正直なところ、それがジレンマのようになっています。上達はしたいけれど、練習の時間が存分に取れるわけではなくて、仕事で実践することで経験を積んでいるところがありますので、シワの入り具合や、構図的にどう描けばいいか迷ったときなどは、雑誌と原稿を見比べながら描いたりすることもありますが、仕事の効率的に全コマそうやって確認しながら描くわけにはいかなくて、つい雰囲気重視で描いてしまっているところもありますね。

――同じように、制服やスーツを描くのがもっと上手くなりたいと思っている初心者の人に何かアドバイスをするとしたら？

ねこ田　私がアドバイスしてほしいくらいなのに!?(笑)　…何かいえるとしたら、初心者の方だったら、やっぱりとにかく描いてみるのが一番だということでしょうか。最初は模写でもいいので、この絵の感じが好きだな、と思う作家さんのイラストを真似して描いてみるとか。雑誌などに載っている写真を資料として描いてみるときは、描き上げて「なんか違う!!」と思っても、諦めないこと(笑)。描けそうだなと思った写真でも、自分の線で描いてみると、同じようなフォルムのはずなのに、うまく雰囲気を出せないんですよ。そこで「なんて下手なんだ…」って挫けてしまわないで、何度も写真を資料に描いていくうちに、自分の線で描いていけるように、少しずつだけどなっていくはずなので。ほかの人のイラストをお手本にした場合でも同じなのですが、最初のうちは上手くいかないからといって諦めずに、ぜひ描きつづけてほしいなと思います。

――いきなり自分なりのアレンジは加えないほうがいいんでしょうか。

COMICS GUIDE

オトナ経験値

□コアマガジン　drapコミックス
08年8月

Story 勉強も運動もできるモテモテなイケメン・夢二を3年半にもわたって悩ませるのは、自分の大切なナニがまったくもって反応しないこと。自己努力や幼なじみ(♂)の力を借りてあれこれ試してみるのだが、不能は変わらず。ところが、なんだか苦手な後輩・新海に突然告白＆キスされたところ、見事反応してしまい!?　戸惑う夢二と強引＆マイペースな新海の話のほか、夢二の幼なじみ・マルと奔放なムーの恋を描く「コイビト基準値」も収録。

ねこ田　最初のうちは、お手本と同じ構図で、服のデザインなどもそのままで描いてみるのがいいんじゃないでしょうか。でも、写真なんかは特に、実際に目で見た通りにシワを入れて描いてみても、それっぽく見えないんですよ、不思議なことに。陰影をつけると収まりが多少よくなるとは思うのですが、シンプルな線画だと難しいんですよね。それがだんだん描き慣れて、自分なりに描けるようになってくると、見たままのシワではなくて、ほかの位置に入れてみることでそれっぽく見えるという、自分の絵柄に合ったマンガ絵補正のようなものがきくようになってくると思うんです。そういうマンガ絵、イラストに合った描き方は、やっぱり描いて訓練していかないと身につかない気がします。

――ご自身は、補正に関してコツのようなも

のをもう会得しました？

ねこ田　うーん…そうですね。それなりに絵を描く経験も積んで、服を描くときの自分なりの表現パターンというのはできてきましたね。こうなったときはこうシワが入るだろう、とか、こうならこう、というパターンが自然と自分の中に蓄積されていて、あまり考えずに感覚的に描けるようになっているところはあると思います。そのあと実物を見直すと、「あれ、違う？」ってこともよくあるんですが(笑)、大事なのは“それらしく見えること”だと思うので、気にしなくなりました。とはいえ、まだまだ勉強しなくちゃな、と思うことはたくさんありますね…。

——学ランをもっさり着させようとしても、自分の絵柄に合わなくて、というお話もありましたが、服を表現する際は、自分の絵柄との兼ね合いというのも重要なんですね。

ねこ田　たとえば、すごく可愛い絵柄なのに、服のシワだけなんかリアルに入っていたら、すごくがんばって描いたのは伝わってくるけれど、やっぱり違和感があるじゃないですか。自分の絵に合うようにデフォルメしていくのが難しいところではあるのですが、大切なことだと思います。

特徴的な〈制服〉が好き

——アメリカ海軍の白い軍服が好き、というお話をしていただきましたが、街中で見かけるような〈制服〉では、どんなものが気になりますか？

ねこ田　学生服以外だと、料理人のコスチュームが気になります。食べることが好きだというのも影響しているかもしれませんが(笑)。シェフの格好とかいいですよね。最近お気に入りのイタリアンのお店があるのですが、そこはいつもシェフひとり、ホールにひとりというカジュアルなお店で、Tシャツを普段着ているホールの方も実はシェフだということをこの間知ったんです。他店からホールの手伝いに来ているそうで、そのお店のシェフも似たような格好でほかの店のホールのお手伝いをすることがあるというお話だったんですが、シェフ姿をカッコいいなあと思っていたので、どうもシェフの格好以外が想像できなくて。シェフ姿に対して、無意識に3割増しくらい補正をかけていたのかもしれないって気づきました(笑)。

——確かに、コックコート姿ってカッコいいですよね。

ねこ田　私がよく行くそのお店のシェフは、帽子はかぶっていないんですが、帽子をかぶっているシェフもいいですよね。お店によって、シェフやホールスタッフの制服に違いがあるので、いろいろ見るのはやっぱり楽しいです。シェフに限らず、働いている人の制服姿って、やっぱり何割増しかでカッコよ

COMICS GUIDE

妄想エレキテル

□コアマガジン　drapコミックス
1巻09年10月／2巻10年10月／
3巻12年8月／4巻13年7月

Story　幼なじみの文博から、ある日「ゲイかもしれない」と告げられた春平。しかも告白してきた男と付き合うことにしたと聞かされ、春平は複雑な気持ちに。突然の告白に驚きはあるものの、それよりもなぜ相手が自分じゃないのか、と面白くない。頭の中で文博を相手にあれこれ妄想した勢いで、ついには「俺でいいじゃん！」と暴走してしまう春平だったが、文博の反応は意外なもので!?　実はガチ攻な文博と愛すべきおばかな春平がキュート♥

く見える気がします。それから、ホテルのドアマンの格好もとても素敵ですよね。格式あるホテルだとシルクハットをかぶっていたり、制服のデザインもホテルごとに特徴があるのもいいし。私は〈制服〉萌えがあるので、基本的にはどんなものでも楽しく萌えつつ見させてもらうんですが、ここにBLという要素が入ってくると、学ランとかスーツに針が振り切れるみたいです。

——なるほど(笑)。

ねこ田　BL要素を抜きにして、〈制服〉のフォルムだけで考えると、たとえばホテルのドアマンのような、ちょっと特徴的なものがより好きなんだと思います。

——そういう〈制服〉は、BLの中には落とし込めないものですか?

ねこ田　いえ、そんなことはないんですが、制服は主に仕事中に着るものですから、BLでたとえば制服着たまま濡れ場を描こうとしたら、自分としては「仕事しろよ」ってツッコミ入れたくなると思うんですよね(笑)。仕事中じゃないと制服は脱いじゃっているだろうし、自分なりに納得がいくシチュエーションが思いついたら、描くかもしれません。

——では、何か〈制服〉ものでBLを、という仕事の依頼が来たら、どんなものを描いてみたいですか?

ねこ田　学生服以外でってことですよね? 学生服以外だと、必然的に職業もの縛りになるんですかね。普段、ストーリーから考えていくので、そういう観点で考えたことなかったので、いまちょっと聞かれて新鮮でした(笑)。

——学生服だったらいくらでも考えられます?

ねこ田　なじみ深いし、考え慣れてますしね。あえて職業制服を選ぶなら…警察官かな。でも日本のものではなく、海外の警察官になるような気がします。海外のほうが制服がカッコいい気がするので(笑)。

——NY市警とか?

ねこ田　そうですね。スーツの刑事と制服警官なんて組み合わせもいい気がします。

——スーツへの萌えも活きますね。そういえば、和服はほとんど描かれませんよね?

ねこ田　和服は好きなんですが、スーツよりももっと描くのが大変なので、眺める一方です。和服は、足が短い体型のほうが似合うと思うんですが、BLのすらっとした脚長キャラだとどうにも合わないんですよ。収まりがよくないというか、バランスの問題なんですかね。肩から袖に流れる布のラインだとかも難しくて、これまでに何度かはイラストで描いたことがあるんですが、そのたびに和服の難しさを痛感しています。いまはどちらかというと、和服を描くのを避けているので、必要に迫られて描くことになったら、相応の覚悟と事前の勉強が必要だと思います(笑)。

いつか執事ものを描きたい

——最後に大好きな学生服絡みのお話に戻したいと思いますが(笑)、たとえば体操着といった学生が学校で着る服にも萌えがあります?

ねこ田　学生のジャージ姿、大好きです!でも、ジャージもなかなか上手く描けなくて。ジャージって、私みたいな感じの絵柄には向いていないんだと思うんです…。描いてみても、全然ジャージ姿の素晴らしさが引き出せていない気がして、ジャージが似合う絵柄の人っていうのがいらっしゃるんですよ。

——ジャージはどのあたりのポイントが難しいのですか?

ねこ田　ここが難しいというよりも全般的にですね。どうしたらジャージ姿を可愛く描けるのかがわからない(笑)。あのちょっとよれっとした感じだとか、ジャージ!って雰囲気がどうにも可愛く出せないんですよ。この人の描くジャージ着たキャラはいいなあって私が思う方の絵柄は、どちらかというとほんわかしていて、私の絵柄とは違うので、その人たちの絵を真似して描いてみても、私には可愛く描けないんだろうなあと思うと、やっぱりとてもうらやましいですね。作品の中で、キャラクターたちにジャージやジャージっぽい私服を着せることもあるのですが、全然上手く描けなくて。いつか可愛く上手に描いてやる！という思いはあるのですが、まったくもって突破口が見えません(笑)。ジャージに限らず、学生服でもスーツでも、もう少しこの線をこうしたらいいよって教えてくれる師がほしいくらい。

——同じように、学生服の描き方を教えてほしいと思っている読者さんたちも少なくないと思いますよ。

ねこ田　人から教わりたいくらいで、教えられることなんてないと思うのですが、学生服だったら、愛と熱量だけは誇れるかもしれません(笑)。

——現在連載中の『酷くしないで』(リブレ出版)も主人公カップルが大学へ進学して、制

COSTUME COLLECTION

アンソロジーなどの表紙を飾ったイラストの中から、ぜひともご紹介したい逸品を厳選。キャラクターたちをいっそう魅力的に見せる〈服〉に注目です。

パブリックスクール制服

□同人誌
満ちる部屋 再録集Ⅱ

礼服

□海王社
GUSH peche vol.31 特集：結婚しよう♥

学ラン＆スカジャン

□海王社
GUSH peche vol.29 特集：ヤンキー受!!

スーツ

□コアマガジン
drap 2013年8月号

服からは卒業してしまいましたね。
ねこ田　そうなんです。主人公たちや彼らの周囲の人のお話はまだ続くので、しばらくは大学生のお話になるかと思うんですが、いずれ機会があったら高校生ものの新シリーズをやりたいですね。そのときは、制服を学ランにしようか、ブレザーにしようか、あれこれ考えるのも楽しそうです。
――〈制服〉の有無にかかわらず、好きなものを存分に描いていいよ、といわれたら、どんな作品を描きたいですか？
ねこ田　資料が全然揃わなくて、描きたい気持ちしかないんですが、ずっと執事ものを描きたいと思っています。5年くらい前に、イギリスで執事学校を開いている方に取材する機会があったんですが、いろいろ面白い話を聞かせていただいて、それ以来ずっと描きたい！と思っているんですが、資料がとにかく集まらなくて…。詳しい資料は英文のものばかりで、そんな資料を読めるほどの英語力はないし、翻訳してもらおうにもお金がものすごくかかるということで断念したことがあって、ちょっと停滞中なんです。
――イギリスに執事学校があるんですね。
ねこ田　取材させてもらった方は、主からマナーハウスを任されている人で、空いている時間を利用して、数人に執事教育を行っているんです。ちゃんとした学校ではないんですが、エリートが集まっていて、卒業後の就職先を聞いたら、バッキンガム宮殿だったりして(笑)。そのマナーハウスにはエリザベス女王もいらしたことがあって、写真が飾られていました。その人のお話がとても面白いんですよ。以前にTV番組で、別の執事学校かどこかで、正しくきれいな歩き方を学ぶために頭の上に本を載せて歩く練習をしていたのを見たことがあったので、取材の際にそういったことをするのか聞いてみたんです。そしたら「なんでそんなことを？　歩ければいいでしょ」といわれて(笑)。その方からお話をお聞きして、自分が勝手に考えていた執事学校のイメージが面白いように崩れたので、ぜひ描いてみたいと思っているんです。
――いまお話を聞いただけでも興味が湧きます。ぜひ読んでみたいです！
ねこ田　がんばります(笑)。
――楽しみにしています。では、読者にメッセージをお願いします。
ねこ田　私は、きっちり着られた〈制服〉を脱がすことばっかり考えていますが(笑)、〈制服〉を好きな方は、みなさんそれぞれ自分にあったテンションとペースで〈制服〉を愛でていかれたらよいかと思います。私もずっと〈制服〉好きだと思いますし、自分なりに楽しんでいけたらいいと思っています。これからもよろしくお願いします。
――ありがとうございました。

COMICS GUIDE

酷くしないで
リブレ出版　ビーボーイコミックス
1巻07年1月／2巻10年10月／3巻12年8月／4巻13年12月
／ねこ田米蔵

Story　私立高校に奨学生として通う真面目な優等生の眠傘は、最近成績が芳しくなかったことから、焦るあまり、テストでカンニングをしてしまう。しかし、それを不真面目で遊び人なクラスメイト・真矢に目撃されたことから、眠傘は黙秘と引き換えに真矢から体を要求されることに。ところが、気がつけばペースを乱されているのは真矢のほうで!?　器用な天才型のイケメン・真矢と、カタブツで不器用なガリ勉・眠傘の恋を描く大人気シリーズ。

MAIL INTERVIEW

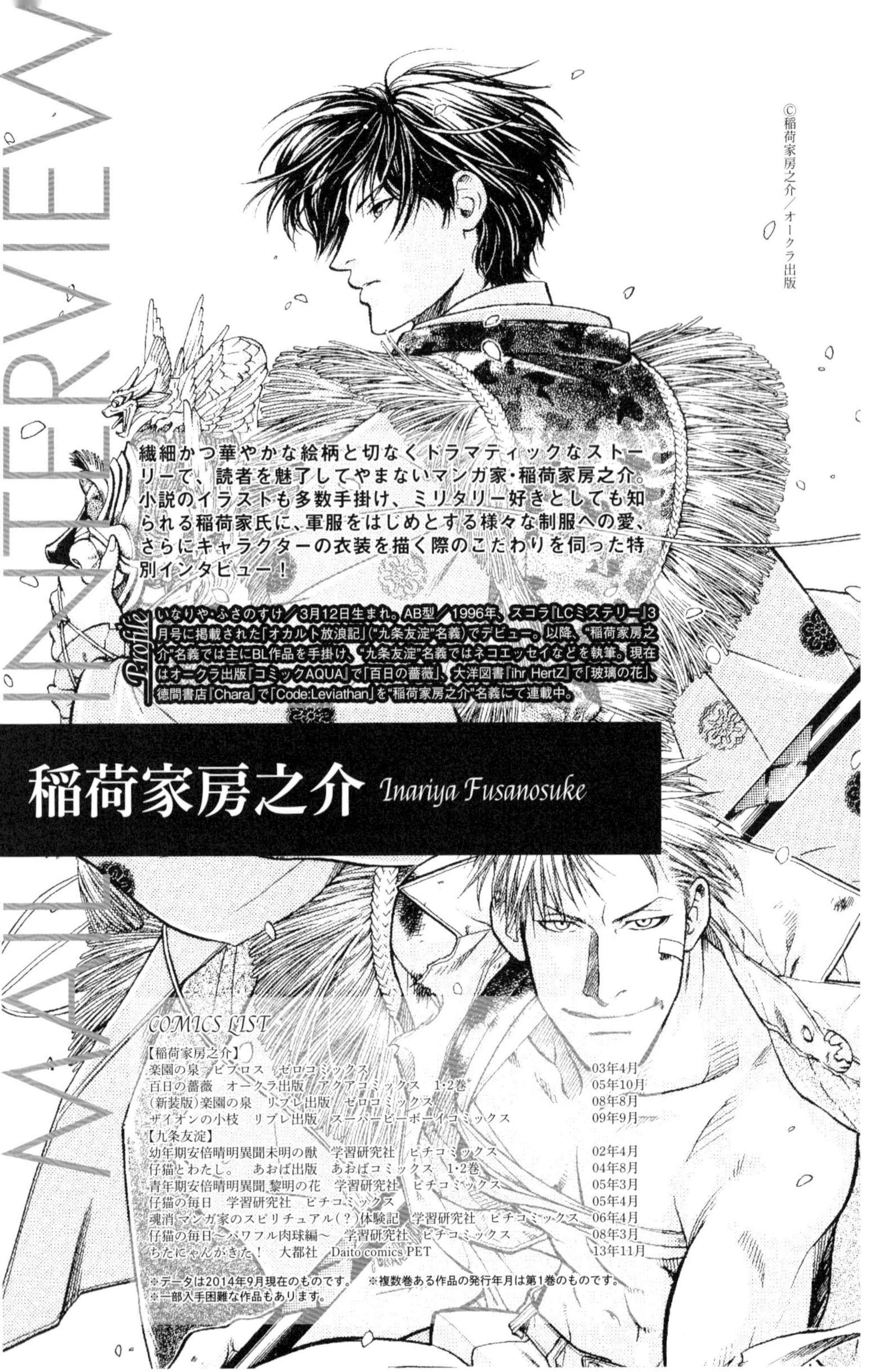

繊細かつ華やかな絵柄と切なくドラマティックなストーリーで、読者を魅了してやまないマンガ家・稲荷家房之介。小説のイラストも多数手掛け、ミリタリー好きとしても知られる稲荷家氏に、軍服をはじめとする様々な制服への愛、さらにキャラクターの衣装を描く際のこだわりを伺った特別インタビュー！

Profile

いなりや・ふさのすけ／3月12日生まれ。AB型／1996年、スコラ『LCミステリー』3月号に掲載された「オカルト放浪記」（“九条友淀”名義）でデビュー。以降、“稲荷家房之介”名義では主にBL作品を手掛け、“九条友淀”名義ではネコエッセイなどを執筆。現在はオークラ出版『コミックAQUA』で「百日の薔薇」、大洋図書『ihr HertZ』で「玻璃の花」、徳間書店『Chara』で「Code:Leviathan」を“稲荷家房之介”名義にて連載中。

稲荷家房之介 Inariya Fusanosuke

COMICS LIST

【稲荷家房之介】

楽園の泉　ビブロス　ゼロコミックス	03年4月
百日の薔薇　オークラ出版　アクアコミックス　1･2巻	05年10月
(新装版)楽園の泉　リブレ出版　ゼロコミックス	08年8月
ザイオンの小枝　リブレ出版　スーパービーボーイコミックス	09年9月

【九条友淀】

幼年期安倍晴明異聞未明の獣　学習研究社　ピチコミックス	02年4月
仔猫とわたし。　あおば出版　あおばコミックス　1･2巻	04年8月
青年期安倍晴明異聞 黎明の花　学習研究社　ピチコミックス	05年3月
仔猫の毎日　学習研究社　ピチコミックス	05年4月
魂消 マンガ家のスピリチュアル(？)体験記　学習研究社　ピチコミックス	06年4月
仔猫の毎日～パワフル肉球編～　学習研究社　ピチコミックス	08年3月
ちたにゃんがきた！　大都社　Daito comics PET	13年11月

※データは2014年9月現在のものです。　※複数巻ある作品の発行年月は第1巻のものです。
※一部入手困難な作品もあります。

制服のよさは「その仕事に就いて働いている」こと

Q1 「男性の制服」と聞いて真っ先に思い浮かぶ制服を教えてください。

稲荷家　WWⅡあたりの軍服、特に独軍武装親衛隊のものでしょうか。将校服は洗練されていて美しく、野戦服はやや野暮ったいのに独特の雰囲気があって格好いいです。戦車兵の機能性を優先させたつるんとした上着も好きです。

Q2 その制服を着た男性のイラストを描くとしたら、どんな容姿、どんなシチュエーションを選びますか？

稲荷家　戦場での日常ひとコマという感じで、司令官と部下達が壕の中で他愛ない会話をしているところを描いてみたいです。司令官はピシッとした綺麗な制服なのに、部下は洗濯もままならない薄汚れた格好だったりとか。

Q3 見て楽しい男性の制服トップ3を教えてください。

稲荷家　①独軍武装SS将校服。ブルーグレーという色選択と、先鋭的なラインが好きです。

②平安時代の武官装束。世界一華やかな武装だと思います。

③今はなくなってしまったのですが、東京パシフィックホテルの制服(特にドアマン)がオリエンタルなデザインで好きでした。

Q4 描いて楽しい男性の制服トップ3を教えてください。

稲荷家　①独軍武装SS40年型野戦服。フル装備だと大変だけど描き甲斐があります。

②平安時代の武官装束。全体のラインも、装備の華やかさも描くのが楽しい衣装です。

③空軍パイロットのもこもこした防寒着。ジャケットやブーツのお洒落なのにもったりしたラインが好きです。

Q5 実在する制服を描くときに何か参考にしている資料はありますか？

稲荷家　縫製や姿勢によって出来るシワ・膨らみが独特なことが多いので、着用写真・

COMICS GUIDE

楽園の泉

□ リブレ出版　ゼロコミックス　08年8月 ＊新装版

Story 退屈を紛らわすため軍人になった竜司は、謎めいた捕虜から一体の人体模型の話を聞く。“アルケメイア”と名付けられたその人体模型は、主を追い求め、立ちはだかるものを破壊するというが…。表題作ほか、滅び行く血を受け継いだ男の望みを描く「フェノメナ」、腕利きの始末屋が未来を懸けた選択を迫られる「EREHWON」、少年たちの夢と絆を描く近未来物語「星々の荒野から」を収録。軍服にスーツ、つなぎも登場。新装版にはオヤジ二人の友情掌編も。

図解の豊富な服飾資料集や、軍服なら実録映画、戦場写真集を参考にしています。写真で見るのと動画で見るのとでは着用されている衣装の雰囲気への理解が段違いにはかどるので、映像があればなるべくそちらを参照するようにしています。

Q6 実在する制服を絵に起こすときのコツ、ポイントを教えてください。

稲荷家　制服のよさは「その仕事に就いて働いている」ことじゃないかなと思うので、地位が上で現場に立たない役職の人なら全体的にシワは少なく、徽章や襟、肩のラインの形などをなるべくきちんと取り、資料からわかるなら縫製の線をうるさくない程度に入れるようにしています。現場の人、仕事中の人なら作業でできるだろうシワや汚れをある程度描写して現実感を出すようにしています。

サスペンダー男子は正義です

Q7 ビジネスマン、教師、弁護士…etc.男性の仕事着としてもっともベーシックなスーツは、職業などによる描き分けも特に難しいと思います。スーツ男子のバリエーションを出すために工夫していることはありますか？

稲荷家　年齢・職種・状況ごとに着用するスーツのTPOに差があるので、スーツ・シャツともにパーツの形状や色・柄、カフス、

C O M I C S　G U I D E

百日の薔薇
Maiden Rose
稲荷家房之介
FUSANOSUKE INARIYA

百日《ひゃくじつ》の薔薇《ばら》

□ オークラ出版　アクアコミックス　　1巻　05年10月／2巻　07年6月

Story 皇紀1928年、北方の大国エウロテの侵攻に端を発した戦火は、いまや大陸東方の国々にまで達していた。東国の一地方を統べるレイゼン家の生まれで、第15機甲師団ローゼンメイデンを率いるタキと、彼の騎士として命運をともにすることを誓った、元敵国の軍人クラウス。主従の契りと確かな絆で結ばれた二人は、激化する戦況と人々の思惑によって、苛烈な運命へと導かれていく——！　軍服から銃器まで、ミリタリー好き必読の戦場大河ロマンス。

百日の薔薇
Maiden Rose
II
稲荷家房之介
FUSANOSUKE INARIYA

©稲荷家房之介／オークラ出版

「宸華」とは天子が華
打ち破られたることのなき花

▶風をはらむ武官装束、凜とした背中。血と純潔が神々の加護を受けるといわれる宸華のタキは、どこまでも気高く美しい。

小物、全体のライン、遊びを取り入れていい職業か、シンプルでオーソドックスなスタイルでないといけない職業かなどでバリエーションを付けています。

それと時代によって流行の形がはっきり変わる部分(主にゴージやボタン位置、シルエットなど)の更新も気をつけたいポイントです。数年経って型遅れが顕著に出て「おおおおお…」と頭を抱えないように、なるべくスタンダードなものを選ぶようにもしています。

Q8 シングル、ダブル、モーニング、タキシードなど、スーツにも様々な種類があります。稲荷家先生がもっともときめくのはどんなスタイルですか？

稲荷家　ダブルのスーツの初老の男性が上着を脱いだらお洒落なサスペンダーをしてた、というシチュエーションは見ても描いてもめっちゃ盛り上がるポイントです！

背中から太ももにかけてのラインが綺麗なサスペンダー男子は正義です。

Q9 軍服(を着た男性)を描くときのこだわりポイントといえば？

稲荷家　一枚絵ならこの人はどういう地位で、どんな立場でこの衣装を着用しているのかがわかるように、なおかつ華やかさを持たせて描きたいと思っています。マンガの場合は前後左右とあらゆるポーズを描くチャンスなので普段あまり目にできない装備をはずした背面やブーツの裏の鋲などを楽しく描いています。

Q10 各国歴代の軍服で個人的に一押しの制服を教えてください。

稲荷家　日本の武官装束が世界の軍服の中でも最上級に実用性を無視した華やかさで、まさに宮廷の華だと思います。顔文字でぱぁぁぁぁってい い笑顔を入れたいくらいです。

巻纓の冠に、前身後身が分かれた闕腋袍。懐には帖紙を入れ、背に箭を差す。華やかで気品あふれるタキの武官装束。(『百日の薔薇』1巻)

Q11 稲荷家先生が描かれる和装の男性は清廉な雰囲気の中に色気を感じますが、和装の男性を描くときに特に意識していることを教えてください。

稲荷家　不必要に着崩して体を露出しないように、でしょうか。あとシワやシルエットが綺麗な形にまとまっているのは所作の綺麗さの現れなので、裾の流れに仕草の名残が出るといいなと思って描いています。

Q12 和装ならではの楽しさ、難しさは？

稲荷家　たっぷりした布の流れを描く楽しみがあるのですが、作りが単純なうえに実際に着る機会がある人も多い衣装なので、あまり見栄えを優先したアレンジをすると嘘っぽさが目立ってしまうのでバランスをとるのが難しいです。

雅楽の衣装を一通り描いてみたいです

Q13 スーツや軍服、着物と、男性の衣装は“色”を限られる服が多いように思いますが、カラーイラストを描くときに意識していることはありますか？

稲荷家　軍服なら階級・所属ごとに徽章、襟やズボンサイドなどに色が入るのである程度華やかにできますが、スーツの場合は濃淡をきつめに付けたり小物や花などで差し色を工夫するようにしています。和装の場合は若い人ほど強い色が使えるので、むしろ全体の色味がきつくならないようにするのが難しいです。

Q14 メガネやネクタイ、帽子、靴など、ファッションアイテムのうち特にお気に入りのアイテムは？一押しのコーディネートも教えてください。

稲荷家　先ほども書きましたが、サスペンダーにノータックのズボン男子(上着きっちり)が最強だと思います！　中身が初老だとなおいいです!!

Q15 マンガや小説の挿絵などで異世界を舞台にした作品を

軍服に身を包み、元服の折にあつらえた太刀を持つタキ。これが薔薇の名を持つ誇り高き師団長の基本スタイル。(『百日の薔薇』1巻)

BOOK COVER GALLERY

BL小説のイラストを数多く担当している稲荷家房之介。その艶やかで多彩なカバーイラストたちを厳選してピックアップ！

礼服

ビューティフル・プア

著：榎田尤利　リブレ出版

ビーボーイノベルズ　08年5月

軍服

倫敦夜想曲

著：四谷シモーヌ　心交社

ショコラノベルスHYPER　07年1月

ファンタジー

覇帝激愛

著：遠野春日　リブレ出版

ビーボーイノベルズ　08年3月

神父＋スーツ

十字架とピストル

著：甲山蓮子　心交社

ショコラノベルス　05年4月

ファンタジー

スサの神謡

著：秋月こお　徳間書店

キャラ文庫　09年6月

スーツ＋軍服

愛しき支配者

著：秋山みち花　笠倉出版社

クロスノベルス　11年6月

描かれることも多いですが、資料のない異世界ものの場合、何をヒントに衣装をデザインしていくのでしょうか。

稲荷家　想定している世界の風俗に近い国の民族衣装を参考にしたり、その架空世界の人々が住んでいそうな街の建物、持っていそうな小物から逆算してあまり突飛でないようにデザインしています。

Q16 衣装を描くうえで異世界ものならではの楽しさ、難しさを教えてください。

稲荷家　楽しい部分は、自分が格好いいと思うデザインをそのまま形にできるところ、難しい部分は現実での正解がないのでバリエーションや階層、職種、地域差の法則性をすべて自分で考えてまとめておかなければならないところです。好みが出てしまうので油断すると幅がなく、違いがあまり出ないデザインになってしまう危険が…。

Q17 もしもいま「制服男子」をテーマにイラストを描いてください、とお願いされたら、どんな絵を描きたいですか？

稲荷家　制服に入れていいのかわかりませんが雅楽の衣装を一通り描いてみたいです。カラーで描く納曽利や青海波の華やかな衣装、特に別甲は挑戦し甲斐があると思います。

Q18 今後、機会があったら描いてみたい制服を教えてください。

稲荷家　イタリアのカラビニエリ兵の礼装でしょうか。マント含め(ちょっと吸血鬼みたいな印象で)かなり格好いいのに日本ではマイナーなので、布教したいです。

Q19 制服を愛する同士へ、メッセージをお願いします。

稲荷家　それ自体の機能美と、それを着用して個性を押し殺しながらなお滲み出る色気が制服の醍醐味だと思います。不審を抱かれ職質されない程度に働く制服の方々を見つめていきたいと思います。

――ありがとうございました！

トーテンコップ(髑髏)の帽章や鷲章、胸元の黒十字は、ドイツ親衛隊(SS)の証。将校である伯爵の襟章はオークの葉がモチーフに。(『ザイオンの小枝』)

COMICS GUIDE

ザイオンの小枝

リブレ出版　スーパービーボーイコミックス　09年9月

Story 第三帝国が崩壊したドイツ。自決を遮られた伯爵少将は、廃屋に監禁され生きながらえていた。伯爵を世話するユダヤ人の青年医師は、一方で、歪んだ想いを叩きつけるように繰り返し彼を辱める。それは15年にわたり自分を支配した養父への復讐なのか――。二人のその後がわかる描き下ろしと、「肉球編」ことケモ耳キャラのショートギャグを含む表題作ほか、蝶を追うカメラマンと青年ガイドの再会愛「Chrysalis」、自身初のナチもの「熱の檻」、上官と部下が幼なじみに戻るひと時「Paldias」を収録。

Bonus INTERVIEW

――絵にまつわるもっとも古い記憶を教えてください。

稲荷家　小学校4年のころ、たぬきときつねを主人公にしたSFミステリータイムトラベル刑事マンガを描きはじめた記憶が最古です。62枚の大作でした。

――いつ頃、どんなきっかけでマンガ家を目指すようになりましたか？

稲荷家　就職先が先方の都合で無くなってしまい、自分にあって即戦力になりそうなものがマンガを描く技術くらいだったので、愛読していた雑誌（ミステリー少女誌）に投稿することにしました。運よく拾ってもらえて今に至ります。

――マンガやイラストの上達のために努力したと思うことは？

稲荷家　初めてマンガから印刷物になったとき、自分で思っていた以上に見栄えの落差があったことが物凄くショックで、以降デッサンそのものより構図の中で見せたい部分は何か、手にした人が見たいものは何か、目に留まる色味は何か、を優先して考え描くようになりました。

――現在愛用している画材を教えてください。

稲荷家　モノクロはアイシーの原稿用紙、カラーはセヌリエ極細目、ペン先はゼブラGとタチカワ丸ペン、インクはヌーベルデザインインクとドクターマーチンです。あと、膝に猫を。

Advice

――絵が上手くなりたいと思っている読者へ、アドバイスをお願いします！

稲荷家　私も日々努力中なのでアドバイスというのもおこがましいのですが、面倒でも人物デッサンの勉強はやっておいたほうがいいと思います。基礎ができていれば崩すことの面白さもわかりますし、細部のデフォルメやアレンジも容易になります。

あとはマンガやアニメ・映画の視聴、旅行、読書、人との会話など外部からの刺激をたくさん取り入れてアウトプットするための下地、というかエネルギーを常に貯めておくのも大事だと思います。油断するとすぐ枯渇するものなので。

おわりに

「人はその制服どおりの人間になる」
ナポレオン・ボナパルト

日本は、様々な制服があふれる“制服天国”です。
規定のものを着ているというのが帰属意識に繋がって、それが日本人的なアイデンティティにうんたらかんたら、と、そういう状況が生み出されていることに関しては、まあ何かしらの理由はあるのでしょうが、『制服』が好き！というシンプルな感情の前には、わりとどうでもいいことのような気がします(いや、考えたってもちろんいいんですよ)。

『制服』を眺めているのが好き。
『制服』を描くのが好き。

そんな人たちに贈る本を作るために、多くの方々にご協力いただきました。
企画に賛同し、寄稿をご快諾くださったクリエーターの方々、情報や資料をご提供くださった関係者各位、制作にご助力くださった皆様に、あらためて御礼申し上げます。
ありがとうございました。

そして、この本を手に取ってくださった制服好きな皆様にも、最大限の感謝とエールを。

順風満帆な『制服ライフ』が送れますように。
制服好きに幸あれ。

詠月吉日　かつくら編集部　拝

【資料提供／協力】

佐川急便

全日本空輸（ANA）

東京消防庁

東京都交通局

【参考文献】

『マンガキャラの服装資料集 男子制服編』アミューズメントメディア総合学院（監修）／廣済堂出版

『おしごと制服図鑑』講談社（編）／講談社

『働く男の制服図鑑』桜遼+制服を愛でる会（著）／フィールドワイ

『オールカラー 陸海空自衛隊制服図鑑』内藤修・花井健朗（編著）／並木書房

『胸キュン♥制服男子コレクション』レッカ社（編著）／カンゼン

＊その他、企業公式サイト、各種情報サイトなど、多くのウェブサイトや各種資料を参考にさせていただきました。

二次元男子制服図鑑

2014年10月8日 初版発行

編著	かつくら編集部(株式会社 桜雲社)
カバーイラスト	北上れん
本文イラスト	久米　カタヤマトモコ
デザイン・DTP	伊藤あかね

発行者	藤原健二
発行所	株式会社新紀元社
	〒160-0022 東京都新宿区新宿1-9-2-3F TEL 03-5312-4481 FAX 03-5312-4482 http://www.shinkigensha.co.jp/ 郵便振替　00110-4-27618
印刷・製本	株式会社リーブルテック

ISBN978-4-7753-1279-7